"十四五"国家重点出版物出版规划项目

长江水生生物多样性研究丛书

长江 国家重点保护水生野生动物

危起伟 谢 锋 方冬冬 舒凤月 等 著

科学出版社 | 山东科学技术出版社

北 京 济 南

内 容 简 介

　　本书是对长江国家重点保护水生野生动物调查研究的总结。全书共 5 章，主要论述了长江国家重点保护水生野生动物的地理分布格局与系统进化、濒危状况与濒危原因、保护价值与利用现状及主要保护措施等；并记述了分布于长江流域的哺乳动物 3 种，隶属 2 目 3 科 3 属；两栖动物 38 种，隶属 2 目 5 科 13 属；爬行动物 13 种，隶属 2 目 5 科 8 属；鱼类 30 种，隶属 7 目 12 科 24 属；软体动物 6 种，隶属 2 目 2 科 3 属。本书对国家重点保护的哺乳动物、两栖动物、爬行动物、鱼类和软体动物的研究历史（部分种类）、保护级别、形态特征、资源状况、地理分布和经济价值等有详细的叙述，还附有物种图，以便读者有更直观的了解。

　　本书适合从事相关研究的科研工作者和学生、从事渔业渔政管理和水生生物资源调查与保护的工作人员，以及对长江流域水生野生动物保育有兴趣的人士阅读和参考，也适合于图书馆馆藏。

图书在版编目（CIP）数据

长江国家重点保护水生野生动物 / 危起伟等著 . -- 北京 : 科学出版社，2025. 3. --（长江水生生物多样性研究丛书）. -- ISBN 978-7-03-081119-6

　Ⅰ. Q958.884.2

中国国家版本馆 CIP 数据核字第 2025BV6130 号

　　责任编辑：王　静　朱　瑾　白　雪　陈　昕　徐睿璠 / 责任校对：杨　赛
　　责任印制：肖　兴　王　涛 / 封面设计：懒　河

科学出版社 和 山东科学技术出版社 联合出版

北京东黄城根北街 16 号
邮政编码：100717
http://www.sciencep.com

北京中科印刷有限公司印刷
科学出版社发行　各地新华书店经销

*

2025 年 3 月第 一 版　开本：787×1092　1/16
2025 年 3 月第一次印刷　印张：12
字数：285 000

定价：150.00 元
（如有印装质量问题，我社负责调换）

"长江水生生物多样性研究丛书"

组织撰写单位

组织单位　中国水产科学研究院

牵头单位　中国水产科学研究院长江水产研究所

主要撰写单位

中国水产科学研究院长江水产研究所

中国水产科学研究院淡水渔业研究中心

中国水产科学研究院东海水产研究所

中国水产科学研究院资源与环境研究中心

中国水产科学研究院渔业工程研究所

中国水产科学研究院渔业机械仪器研究所

中国科学院水生生物研究所

中国科学院南京地理与湖泊研究所

中国科学院精密测量科学与技术创新研究院

水利部中国科学院水工程生态研究所

国家林业和草原局中南调查规划院

华中农业大学

西南大学

内江师范学院

江西省水产科学研究所

湖南省水产研究所

湖北省水产科学研究所

重庆市水产科学研究所

四川省农业科学院水产研究所

贵州省水产研究所

云南省渔业科学研究院

陕西省水产研究所

青海省渔业技术推广中心

九江市农业科学院水产研究所

其他资料提供及参加撰写单位

全国水产技术推广总站

中国水产科学研究院珠江水产研究所

中国科学院成都生物研究所

曲阜师范大学

河南省水产科学研究院

序

长江，作为中华民族的母亲河，承载着数千年的文明，是华夏大地的血脉，更是中华民族发展进程中不可或缺的重要支撑。它奔腾不息，滋养着广袤的流域，孕育了无数生命，见证着历史的兴衰变迁。

然而，在时代发展进程中，受多种人类活动的长期影响，长江生态系统面临严峻挑战。生物多样性持续下降，水生生物生存空间不断被压缩，保护形势严峻。水域生态修复任务艰巨而复杂，不仅关乎长江自身生态平衡，更关系到国家生态安全大局及子孙后代的福祉。

党的十八大以来，以习近平同志为核心的党中央高瞻远瞩，对长江经济带生态环境保护工作作出了一系列高屋建瓴的重要指示，确立了长江流域生态环境保护的总方向和根本遵循。随着生态文明体制改革步伐的不断加快，一系列政策举措落地实施，为破解长江流域水生生物多样性下降这一世纪难题、全面提升生态保护的整体性与系统性水平创造了极为有利的历史契机。

为了切实将长江大保护的战略决策落到实处，农业农村部从全局高度统筹部署，精心设立了"长江渔业资源与环境调查（2017—2021）"项目（简称长江专项）。此次调查由中国水产科学研究院总牵头，由危起伟研究员担任项目首席专家，中国水产科学研究院长江水产研究所负责技术总协调，并联合流域内外24家科研院所和高校开展了一场规模宏大、系统全面的科学考察。长江专项针对长江流域重点水域的鱼类种类组成及分布、鱼类资源量、濒危鱼类、长江江豚、渔业生态环境、消落区、捕捞渔业和休闲渔业等8个关键专题，展开了深入细致的调查研究，力求全面掌握长江水生生态的现状与问题。

"长江水生生物多样性研究丛书"便是在这一重要背景下应运而生的。该丛书以长江专项的主要研究成果为核心，对长江水生生物多样性进行了深度梳理与分析，同时广泛吸纳了长江专项未涵盖的相关新近研究成果，包括长江流域分布的国家重点保护野生两栖类、爬行类动物及软体动物的生物学研究和濒危状况，以及长江水生生物管理等有关内容。该丛书包括《长江鱼类图鉴》《长江流域水生生物多样性及其现状》《长江国家重点保护水生野生动物》《长江流域渔业资源现状》《长江重要渔业水域环境现状》《长江流域消落区生态环境空间观测》《长江外来水生生物》《长江水生生物保护区》《赤水河水生生物与保护》《长江水生生物多样性管理》共 10 分册。

这套丛书全面覆盖了长江水生生物多样性及其保护的各个层面，堪称迄今为止有关长江水生生物多样性最为系统、全面的著作。它不仅为坚持保护优先和自然恢复为主的方针提供了科学依据，为强化完善保护修复措施提供了具体指导，更是全面加强长江水生生物保护工作的重要参考。通过这套丛书，人们能够更好地将"共抓大保护，不搞大开发"的要求落到实处，推动长江流域形成人与自然和谐共生的绿色发展新格局，助力长江流域生态保护事业迈向新的高度，实现生态、经济与社会的可持续发展。

中国科学院院士：陈宜瑜

2025 年 2 月 20 日

前　言

长江是中华民族的母亲河，是我国第一、世界第三大河。长江流域生态系统孕育着独特的淡水生物多样性。作为东亚季风系统的重要地理单元，长江流域见证了渔猎文明与农耕文明的千年交融，其丰富的水生生物资源不仅为中华文明起源提供了生态支撑，更是维系区域经济社会可持续发展的重要基础。据初步估算，长江流域全生活史在水中完成的水生生物物种达4300种以上，涵盖哺乳类、鱼类、底栖动物、浮游生物及水生维管植物等类群，其中特有鱼类特别丰富。这一高度复杂的生态系统因其水文过程的时空异质性和水生生物类群的隐蔽性，长期面临监测技术不足与研究碎片化等挑战。

现存的两部奠基性专著——《长江鱼类》（1976年）与《长江水系渔业资源》（1990年）系统梳理了长江206种鱼类的分类体系、分布格局及区系特征，揭示了环境因子对鱼类群落结构的调控机制，并构建了50余种重要经济鱼类的生物学基础数据库。然而，受限于20世纪中后期的传统调查手段和以渔业资源为主的单一研究导向，这些成果已难以适应新时代长江生态保护的需求。

20世纪中期以来，长江流域高强度的经济社会发展导致生态环境急剧恶化，渔业资源显著衰退。标志性物种白鱀豚、白鲟的灭绝，鲥的绝迹，以及长江水生生物完整性指数降至"无鱼"等级的严峻现状，迫使人类重新审视与长江的相处之道。2016年1月5日，在重庆召开的推动长江经济带发展座谈会上，习近平总书记明确提出"共抓大保护，不搞大开发"，为长江生态治理指明方向。在此背景下，农业农村部于2017年启动"长江渔业资源与环境调查（2017—2021）"财政专项（以下简称长江专项），开启了长江水生生物系统性研究的新阶段。

长江专项联合24家科研院所和高校，组织近千名科技人员构建覆盖长江干流（唐古拉山脉河源至东海入海口）、8条一级支流及洞庭湖和鄱阳湖的立体监测网络。采用20km×20km网格化站位与季节性同步观测相结合等方式，在全流域65个固定站位，开展了为期五年（2017～2021年）的标准化调查。创新应用水声学探测、遥感监测、无人机航测等技术手段，首次建立长江流域生态环境本底数据库，结合水体地球化学技术解析水体环境时空异质性。长江专项累计采集 25 万条结构化数据，建立了数据平台和长江水生生物样本库，为进一步研究评估长江鱼类生物多样性提供关键支撑。

本丛书依托长江专项调查数据，由青年科研骨干深入系统解析，并在唐启升等院士专家的精心指导下，历时三年精心编集而成。研究深入揭示了长江水生生物栖息地的演变，获取了长江十年禁渔前期（2017～2020 年）长江水系水生生物类群时空分布与资源状况，重点解析了鱼类早期资源动态、濒危物种种群状况及保护策略。针对长江干流消落区这一特殊生态系统，提出了自然性丧失的量化评估方法，查清了严重衰退的现状并提出了修复路径。为提升成果的实用性，精心收录并厘定了 430 种长江鱼类信息，实拍 300 余种鱼类高清图片，补充收集了 130 种鱼类的珍贵图片，编纂完成了《长江鱼类图鉴》。同时，系统梳理了长江水生生物保护区建设、外来水生生物状况与入侵防控方案及珍稀濒危物种保护策略，为管理部门提供了多维度的决策参考。

《赤水河水生生物与保护》是本丛书唯一一本聚焦长江支流的分册。赤水河作为长江唯一未在干流建水电站的一级支流，于 2017 年率先实施全年禁渔，成为长江十年禁渔的先锋，对水生生物保护至关重要。此外，中国科学院水生生物研究所曹文宣院士团队历经近 30 年，在赤水河开展了系统深入的研究，形成了系列成果，为理解长江河流生态及生物多样性保护提供了宝贵资料。

本研究虽然取得重要进展，但仍存在监测时空分辨率不足、支流和湖泊监测网络不完善等局限性。值得欣慰的是，长江专项结题后农业农村部已建立常态化监测机制，组建"长江流域水生生物资源监测中心"及沿江省（市）监测网络，标志着长江生物多样性保护进入长效治理阶段。

在此，谨向长江专项全体项目组成员致以崇高敬意！特别感谢唐启升、陈宜瑜、朱作言、王浩、桂建芳和刘少军等院士对项目立项、实施和验收的学术指导，感谢张显良先生从论证规划到成果出版的全程支持，感谢刘英杰研究员、林祥明研究员、方辉研究员、刘永新研究员等在项目执行、方案制定、工作协调、数据整合与专著出版中的辛勤付出。衷心感谢农业农村部计划财务司、渔业渔政管理局、长江流域渔政监督管理办公室在"长江渔业资源与环境调查（2017—2021）"专项立项和组织实施过程中的大力指导，感谢中国水产科学研究院在项目谋划和组织实施过程中的大力指导和协助，感谢全国水产技术推广总站及沿江上海、江苏、浙江、安徽、江西、河南、湖北、湖南、重庆、四川、贵州、云南、陕西、甘肃、青海等省（市）渔业渔政主管部门的鼎力支持。最后感谢科学出版社编辑团队辛勤的编辑工作，方使本丛书得以付梓，为长江生态文明建设留存珍贵科学印记。

危起伟　研究员
中国水产科学研究院长江水产研究所

曹文宣　院士
中国科学院水生生物研究所

2025 年 2 月 12 日

前　言

长江是我国第一大河，全长约 6300km，横跨我国西南、华中和华东三大区域，其流域面积占全国淡水水域面积的 50%，广阔的流域面积与多样的自然地理环境造就了丰富的物种多样性，是世界上保存比较完整的淡水流域生态系统，也是世界淡水生物多样性最为丰富的水系之一，许多水生野生动物栖息于此（黄硕琳和王四维，2020）。

长江流域的水生野生动物种类繁多，涵盖了哺乳类、两栖类、爬行类、鱼类及无脊椎动物等多个类群。其中许多物种是长江特有的，如中华鲟、白鲟、长江江豚等，它们在生态系统中扮演着不可替代的角色。长江流域丰富的水生生物多样性及遗传资源的高度异质性为我国淡水渔业的发展奠定了坚实的基础。

新中国成立后，尤其是改革开放初期，我国经济根基还比较薄弱，迫切需要通过多种方式完成国民财富积累。在该时期，我国水生野生动物资源还比较丰富，社会上对水生野生动物资源还处在以利用为主的阶段，保护意识不强，"鱼就是用来吃的"是这一阶段人们的普遍认识。于是人们开始进行围湖造田、圩垸种粮、挖塘养殖，这既阻隔了江湖，又挤占了水生野生动物的生存空间。后来一系列水利工程建设改变了水生野生动物的生存环境。伴随着渔业捕捞技术更新、工农业发展、航运发展、城市化、涉水工程建设运行等一系列人类活动强度日渐增强，水生野生动物的种群衰退，生境萎缩、破碎化加剧且功能退化，进而导致绝大部分物种种群衰退、分布区缩小，特别是处于食物网顶端的物种、对生境条件要求苛刻的物种、生活史空间需求大的物种濒危甚至灭绝（Fang et al.，2006；Turvey et al.，2007；Zhang et al.，2018a，2017）。

20 世纪 80 年代，我国水生野生动物保护工作实现重大突破，其中很关键的一点就是法律法规体系的建立。1989 年国务院批准发布的《国家重点保护野生动物名录》中水生野生动物共有 48 种（类），其中国家一级重点保护野生动物有 13 种（类）、国家二级重点保护野生动物有 35 种（类）。此外，各地方重点保护野生动物名录中也列有许多水生野生动物。此名录的颁布一方面与《中华人民共和国野生动物保护法》等法律法规相配套，为野生动物保护提供法律框架，奠定物种保护基础；另一方面也使公众对野生动物的保护有了更明确的认识，提高了全社会对野生动物保护的关注度和重视程度，促进了公众保护意识的觉醒和提升。2021 年国务院批准发布的《国家重点保护野生动物名录》中，水生野生动物的物种数大幅增加，分布于长江流域的增加到 68 种（类），其中国家一级重点保护野生动物由 4 种（类）增加到 10 种（类）、国家二级重点保护野生动物由 8 种（类）增加到 58 种（类）。

进入 21 世纪后，随着经济社会的发展，人类活动对野生动物栖息地的干扰和破坏加剧，一些物种生存面临新的危胁，同时部分物种经过保护后种群数量有所恢复，需要重新评估其保护等级，以适应新的保护形势。2021 年的《国家重点保护野生动物名录》中，长江流域的特有物种如圆口铜鱼、长薄鳅、金氏鉠等首次被列入，填补其保护空白。长期的监测发现，部分物种的濒危程度加剧，如长江江豚、川陕哲罗鲑等由原来的国家二级重点保护野生动物升为国家一级重点保护野生动物。新名录的颁布反映了长江生态保护的紧迫性和国家对流域生物多样性的重视。

本书的鱼类部分系“长江渔业资源与环境调查（2017—2021）”项目的研究成果，其他门类系作者多年研究的成果。第 1 章对长江水生野生动物的地理分布格局与系统演化进行了概述，以期让读者对长江流域水生野生动物有所了解；第 2 章对长江水生野生动物的濒危状况和致危因素进行了分析讨论；第 3 章对长江水生野生动物的保护价值与利用现状进行了梳理；第 4 章对长江水生野生动物的保护措施进行了归纳总结；第 5 章对 3 种哺乳动物、38 种两栖动物、13 种爬行动物、30 种土著鱼类及 6 种软体动物的区系与分布进行了归纳总结和分种描述。其中第 1 章至第 4 章在中国水产科学研究院危起伟研究员的指导下由方冬冬博士负责整理与归纳；第 5 章的哺乳动物和鱼类部分由方冬冬博士负责形态特征、习性与生活史、地理分布等方面的资料收集与撰写，两栖动物和爬行动物部分由中国科学院成都生物研究所谢锋研究员负责撰写，软体动物部分由曲阜师范大学舒凤月教授负责撰写。本书充分利用各单位多年的研究成果，并在参考前人工作的基础上，历时三年撰写成书。

本书在撰写过程中得到国内学者提供的大量珍贵照片，在此表示衷心感谢！

尽管本书借鉴了大量的文献资料和丰富的标本，但长江流域的水生生物种类庞大、物种覆盖不全，可能遗漏了一些濒危但未被列入名录的物种；另外，本书针对一些物种的保护措施跨学科整合不足，可能未充分结合生态学、社会学、经济学等多方面因素，影响保护措施的综合效果等，所以广度和深度还存在不足；加之水平有限，遗误之处实属难免，恳切希望读者批评指正，使之臻于完善。

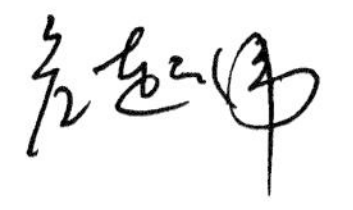

危起伟

2024 年 5 月

目　录

01
第 1 章

长江国家重点保护水生野生动物地理分布格局与系统演化

任何物种都有一定的地理分布区域，也会在一定的地质历史时期存在，研究此类问题的学科称为生物地理学。该学科的核心问题是如何进行生物区系划分，不同的研究者形成了不同的观点。"隔离假说"认为生物先形成了广泛的分布区，后来屏障出现，将原有的连续分布区隔离开，生物在间隔区内各自独立演化；"扩散假说"认为生物祖先最初分布在其中一个区域，即"起源中心"，它通过跨越地理屏障从该区域扩散到其他区域。随着基因组学技术的发展、物种分歧时间和扩散时间概念的引入，以及所研究的生物类群的不断增多，对于现存的生物类群而言，真实的生物地理过程中兼有隔离和扩散的共同作用。因此，隔离假说和扩散假说都是生物地理学格局理论框架中的组成部分且相互补充。

1.1 物种地理分布格局

1.1.1 鱼类地理分布格局

所谓动物区系是人们对不同地理区域中动物的组成特点进行分析后的人为划分，它是地质历史过程与生态过程交互作用的产物。长江流域鱼类的区系可大致被分为：①中国江河平原区系复合体，主要分布于长江干流，如草鱼、青鱼、鲢、鳙等；②南方热带区系复合体，原产于南岭以南各水系，向长江流域伸展，如乌鳢、小黄黝鱼、胡子鲇等；③古代第三纪区系复合体，如胭脂鱼、鲤、鲫、麦穗鱼等；④中亚高原山区区系复合体，代表种一般分布于长江上游及其支流，如裂腹鱼属和条鳅属鱼类，绝大部分仅分布于四川西部高原地区内的金沙江河源段和支流水系；⑤中印山区鱼类区系复合体，主要在热带山区和亚热带山区分布，分布范围较窄，适应于山区急流，如鮡科、鳅科和平鳍鳅科鱼类等；⑥北方山区区系复合体，如川陕哲罗鲑、秦岭细鳞鲑等，仅分布于岷江和大渡河水系中且保留北方山区鱼类固有的喜冷性；⑦北方平原鱼类区系复合体，如花鳅科鱼类和中华鲟等（湖北省水生生物研究所鱼类研究室，1976）。

长江流域鱼类物种丰富，流域内的自然地理特征和流域特征及鱼类物种组成和起源可能决定了鱼类物种的分布特点。例如，金沙江上游海拔高、气温低，适应高寒气候的冷水性鱼类如四川裂腹鱼、厚唇裸重唇鱼、短须裂腹鱼等在此栖息；长江上游干流河谷深切，水流流态复杂，其中的鱼类有相当一部分是适应急流环境、摄食着生藻类或底栖无脊椎动物、栖息于底层或爬附于石上的鱼类，如平鳍鳅科、鮡科、野鲮亚科等鱼类；长江中下游地区河道比降变缓，附属湖泊众多，为江湖复合生态系统，该江段水面开阔、气候温和、沿岸湖泊星罗棋布、鱼类组成复杂，以"四大家鱼"等江湖洄游性鱼类最具代表性，是多种洄游性鱼类的重要产卵场、育幼场和溯河或降河洄游通道（刘建康和曹文宣，1992）。

1.1.2 水生两栖爬行动物地理分布格局

水生两栖爬行动物是指幼体和成体不能完全脱离水环境生活的两栖动物和爬行动物，是脊椎动物进化史上从水生到陆生的过渡类群，具有重要的科研价值。其对环境变化十分敏感，是良好的环境指示生物，对于维持环境生态平衡十分重要。

由于水生两栖爬行动物对水系的依赖性高，舒国成等（2023）将长江流域水生两栖爬行动物的分布区域划分为江源区、金沙江—雅砻江流域、岷江—沱江流域、嘉陵江流域、乌江—赤水河—清江流域、上游干流区间、汉江流域、洞庭湖流域、鄱阳湖流域、中下游干流区间、太湖流域。不同区域的物种多样性差异较大，但水生两栖动物和水生爬行动物呈现相似趋势，即江源区由于海拔较高，环境温度较低，自然环境恶劣，两栖爬行动物分布均较少。长江上游的金沙江—雅砻江流域、长江右岸的乌江—赤水河—清江流域、洞庭湖流域和鄱阳湖流域的物种数均高于或等于同类群在长江左岸的嘉陵江流域、上游干流区间、汉江流域、中下游干流区间和太湖流域的物种数。形成了上游高下游低和右岸高左岸低的分布格局（舒国成等，2023）。于晓东等（2005）研究认为长江中下游地区因其温暖湿润的气候成为两栖爬行动物的理想栖息场所，但由于工农业发达，植被受到很严重的破坏，尤其是平原和盆地地区，生境片段化严重，这影响了两栖爬行动物的栖息和生存，导致其物种数量和多样性较低；相反，长江上游地区在自然景观上具有从河谷亚热带到高山永久冰雪带的垂直分布，有显著的地区差异，且山地自然条件复杂，加之多样化的植被种类和气候，为水生两栖爬行动物提供了良好的栖息场所。因此，除了源头地区自然环境恶劣导致物种数量较少外，长江上游地区物种数量及多样性程度均较高。

1.2 物种系统演化

1.2.1 鱼类系统演化

长江水系变迁推动了鱼类的扩散与分化，鱼类的系统地理动态也为揭示其河流时空演变规律提供了高分辨率的生物学证据。我国东部的鱼类区系有古老的渊源，与高原的隆升、气候及水系的变迁共同演化而来。早在白垩世（距今1.37亿年至6500万年）的鱼类中，除了鲟形目鱼类外，已无任何鱼类在中国生存到现代（张弥曼等，2001）。长江鲟和中华鲟为姐妹种，其祖先物种出现在3750万年前，于960万年前分化为长江鲟和中华鲟两个物种。长江鲟保留了淡水定居的生活习性；中华鲟形成河海洄游习性，并且发生体型变大、性成熟年龄推迟、产卵时间间隔变长、食性向肉食性的变化。这些变化与一般洄游性鱼类中发生的变化是一致的。研究表明，晚中新世（距今1160万至530万年）发生了全球范围的降温事件，这一时期全球气候变冷与海退同时进行，海平面下降幅度达40～50m，有利于中华鲟分布范围的扩大。中华鲟的洄游习性可能是伴随着其分布范围的扩大而形成的，其间中华鲟体型变大，并进入海洋，形成河海洄游习性（姜明，2024）。

任何一个区域的鱼类区系都既有继承又有创新。在印度板块与欧亚板块发生碰撞时，两个板块上承载的我国东部鱼类区系的不同祖先物种就交融在一起了。随着青藏高原的隆升，形成了新的气候条件、新的水系及新的隔离。因此演化出一批独特的物种（如鲤科鱼类东亚特有类群），形成了新的生态需求（谢平，2020）。鲤科鱼类是东亚鱼类中最繁盛的类群，即亚洲的鲤科鱼类比世界任何其他地方都要丰富，因此鲤科鱼类的区系特点是鱼类区系的核心。鲤科鱼类东亚特有类群在青藏高原隆升期间强烈的东亚季风影响下演化而来，并适应了独特的气候和水文条件。在这一特有支系中，一些底栖产卵鱼类产黏性卵或沉性卵，而另一些河流产卵鱼类则产漂流性卵。漂流性卵被认为是东亚鲤科鱼类在季风气候及大河环境中生存的关键特征（Chen et al.，2023）。

青藏高原隆升不仅对高原地区本身，也对毗邻地区的鱼类区系产生重要影响（陈宜瑜等，1986）。青藏高原急剧抬升产生的高寒环境使原来生活在这一地区的淡水鱼类迅速绝迹，原始鲃亚科鱼类适应高原环境演化出裂腹鱼类，鳅科的原始条鳅类特化成无鳞条鳅类，它们构成了青藏高原特有的鱼类区系。青藏高原的隆升使高原四周产生强烈切割而形成许多急流环境，演化出一些适应急流环境的鱼类类群：原始鲃亚科鱼类特化成野鲮亚科和平鳍鳅科，原始鲶科鱼类特化成鮡科，它们随着高原隆升产生的水系变迁而扩散，与南亚原有的鲃亚科、鲍亚科和其他暖水性鱼类共同组成了南亚的淡水鱼类区系（陈宜瑜等，1986）。

1.2.2 两栖动物系统演化

两栖动物是脊椎动物由水生向陆生转变的关键类群，阐释该类群的起源演化过程与系统发育的关系，是我们了解陆生四足动物早期演化的核心问题。两栖动物由于具有移动能力弱、对水依赖性较高等特性，很容易受到地形影响而产生分歧演化，因而是研究生物地理学的良好模式生物（张鹏，2005）。姚明灿（2015）研究认为从我国两栖类整体上看，其分布以云贵高原、横断山区属种最为丰富，且特有属种也最多。而云贵高原和横断山区地域相接，相当于长江流域至珠江流域的上游区段，我国两栖类的特化、起源中心段也恰是我国第一级阶梯向第二级阶梯过渡的地段（姚明灿，2015）。姚明灿等（2018）对中国有尾两栖类动物的地理分布格局和扩散路线的研究发现，该类群可能的迁移和扩散路线可归纳为：沿着各水系，从分布中心分别向东西南北 4 个方向迁移和扩散，其中以向北和向东为主，向南和向西扩散的种类较少。向北扩散的主要是小鲵科的一些种类，向东扩散的种类则以蝾螈科物种为主。广布于我国东部的隐鳃鲵科种类，极可能是该类群向北和向东这两个方向扩散的结果（姚明灿等，2018）。

02

第 2 章

长江国家重点保护水生野生动物濒危状况

2.1 濒危状况

长江流域因其广阔的流域面积与多样的自然地理环境形成了丰富的物种多样性，是世界上保存比较完整的淡水流域生态系统，也是世界淡水生物多样性最为丰富的水系之一，许多水生野生动物栖息于此（危起伟和杜浩，2014）。然而受人类活动影响，流域内多种野生动物的生存受到了不同程度的威胁。

在长江流域，被列入《中国濒危动物红皮书》的濒危鱼类物种达 92 种，长江上游 79 种鱼类为受威胁物种，居全国各大河流之首。2017～2019 年连续 3 年的长江渔业资源与环境调查发现，历史上有分布但未采集到的鱼类有 134 种，占长江鱼类总种数的 30.2%，其中长江特有种 83 种，占长江特有种总数的 42.8%（Zhang et al.，2020a）。国家一级重点保护野生动物白鱀豚已多年未见，并于 2006 年的长江豚类国际联合考察后被宣布功能性灭绝（Turvey et al.，2007）；目前仅存的另一种淡水豚类——长江江豚数量急剧下降，2017 年调查发现仅存 1012 头，相当于国宝大熊猫数量的一半；白鲟自 2003 年以来一直未见踪迹，根据模型估算，白鲟已于 1993 年功能性灭绝（Zhang et al.，2020a）；中华鲟数量锐减，洄游到达葛洲坝下产卵场的亲鱼由 20 世纪 80 年代末期的 2000 余尾降至 2017～2019 年的 20 尾左右，自然产卵活动由年际间连续变成偶发（吴金明等，2017）；长江鲟自然繁殖于 2000 年左右停止，野外自然种群基本绝迹（Wu et al.，2014）；长江的鳡、刀鲚和河豚数量急剧下降，甚至已绝迹（Zhang et al.，2020b）。

2.2 致危因素

在长江流域，除了不可避免的极端自然灾害外，造成长江流域水生野生动物濒危或灭绝的主要原因是人类活动。近年来，长江流域水生野生动物的生存状况日益恶化。上游地区因地势具有起伏大、落差大的条件，形成了独有的流水环境，但因水电站梯级的无序开发，长江鲟、川陕哲罗鲑等特有物种的种群数量严重下降，生存受到了影响。中下游地区水流减缓，地势开阔平坦，形成了众多湖泊、支流、湿地与干流相互关联的复杂生境，但大坝、水库的建设严重干扰了原有的生态系统及水文环境，加之发达的航运影响，江豚、中华鲟等物种的生存状况岌岌可危。过度捕捞及误捕、环境污染作为整个流域都存在的问题，也是影响物种生存的重要原因（图 2.1）。

2.2.1 水污染

长江水域生态环境为种类丰富的水生动物提供优良的栖息繁衍场所，是渔业发展的命脉。据统计，长江流域城市污水、农业废水、生活污水及工业和船舶废污水排放量占全国的 40% 以上，部分地区废污水的高排放量和低污水处理率使得长江污染程度日益加剧，

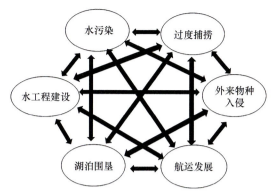

图 2.1 长江流域水生野生动物濒危原因分析图

鱼类的生存环境不断恶化（郜志云等，2018）。水域污染不仅破坏鱼类繁殖，造成大批鱼卵鱼苗死亡，加速鱼类资源衰减直接影响鱼类生存，还会使浮游生物、底栖生物生物量降低，鱼类饵料基础严重衰退间接导致鱼类天然资源量减少。例如，长江中游支流湘江流域的香炉山由于水域污染，其鱼类产卵场相较于 20 世纪 80 年代缩减了 70km，鱼类早期资源产量是 50 年代之前的 1/30，鱼产量仅为 50 年代之前的一半，鱼类资源严重衰退（陈大庆等，2002）。此外，油轮漏油或有机化工厂排放油质物质，使水域形成一层油层，油层隔断了水体与空气，阻断了气体交换，水体的氧得不到及时供给，使得水中的溶解氧含量下降，从而影响鱼类正常的新陈代谢，严重时鱼类将窒息死亡。而且，以上物质也会影响浮游生物的生存，浮游生物的减少致使部分水生生物缺少天然饵料，这也将影响水生动物的生存。

2.2.2 水工程建设

大坝的修建在供水、发电和航运等方面具有重要的作用，研究表明，水利工程建设是导致全球近 1/3 的淡水鱼类面临灭绝威胁的主要原因（Su et al.，2021）。新中国成立后，在长江流域陆续修建了大量的水库，至 2005 年，共修建各种类型的水库 45 000 余座，长江流域各支流规划水库库区长度占河流总长度的 90% 左右，开发强度很大，这将对流域水系连通性造成较大影响（张欧阳等，2010）。大强度开发导致流域水系连通性差，使绝大多数湖泊失去了与长江的自然联系，水域生境破碎，扰乱了营养物质的正常循环，并使支撑长江鱼类的有效湖泊面积减少，饵料生物丰度下降，进而导致渔业资源产量大幅度下降。同样，水工程建设也会直接破坏鱼类产卵场（何欣霞，2018）。据统计，长江干流的年总捕捞量从 1954 年的 43 万 t 下降到 2011 年的 8 万 t，下降幅度为 81%（谢平，2017）。受此影响，长江鱼类种类组成发生较大变化，特有鱼类资源和多样性不断减少，渔获物小型化趋势明显，已有 49 种长江上游特有鱼类生存受到严重威胁（解崇友等，2018）。此外，长江流域的水利水电工程建设会直接阻隔洄游性鱼类的洄游通道，使其无法正常完成生活史，从而无法正常繁殖，导致物种的自然种群数量下降，水生生物遗传多样性丧失。

2.2.3　航运发展

改革开放以来，长江航道通航条件和支持保障设施数量大幅度提升。据统计，长江水系 11 个省（区、市）拥有内河运货船已达 12 万艘，水路货运量新增 37 倍，长江航运在流域运输货物和经济发展中具有重要的作用（陈宇顺，2018）。航运的发展一方面促进了长江流域经济的发展，同时也给水域生态环境造成破坏，特别是对鱼类的影响较为突出。为了保障航运的正常运行和降低航运安全事故，航道工程施工期间，炸礁、航道疏浚、挖槽、加固河岸、河道裁弯取直等航道整治工程不仅会干扰鱼类的正常活动，还会极大地破坏河床结构，造成鱼类等天然水生生物栖息地丧失（陈宇顺，2018）。同时，航道工程运营期间，因航运量的增长，流域内船舶密度也在不断增加，使得鱼类活动的自然水域生态空间缩减，船舶运行过程中产生的噪声、螺旋桨击伤鱼类的概率增加和船舶溢、漏油污染鱼类赖以生存的水体，对鱼类的生长和繁殖也造成了一定的影响（危起伟，2020）。

2.2.4　湖泊围垦

长江中下游水系复杂，泛滥平原浅水湖泊与长江各大支流、干流连通形成独特的江湖复合生态系统。在江湖复合生态系统中，河道的水环境为适应流水繁殖的江湖洄游性鱼类提供了必要的水文条件，而湖泊则具有较高的初级生产力，含有丰富的饵料资源，为孵出的鱼苗提供了育肥条件，是鱼类等水生生物理想的繁殖场所和栖息地（刘飞等，2019）。然而，新中国成立以来，大规模的围湖造田、岸带开垦导致长江中下游湖泊面积大幅缩减，使得水生生物栖息地空间破碎化。据不完全统计，从 20 世纪 50 年代初期以来，长江中下游地区有 1/3 的湖泊面积被围垦，因围垦而消失的湖泊达 1000 余个，而通江湖泊由 102 个缩减至如今只剩鄱阳湖和洞庭湖（刘飞等，2019）。《长江水生生物资源与环境本底状况调查（2017—2021）》结果显示，鄱阳湖水面面积由新中国成立初期的 5200km^2 缩减至如今的 3683.52km^2，洞庭湖水面面积由新中国成立初期的 4350km^2 缩减到目前的 1752.56km^2（杨海乐等，2023）。湖泊围垦不仅引起湖泊调蓄洪水能力降低，还使江湖洄游性鱼类的洄游通道被阻断，减少了鱼类活动空间，鱼类繁殖和肥育的场所面积缩减，破坏水域生态环境，直接导致鱼类与水生生物资源锐减（杨海乐等，2023）。

2.2.5　过度捕捞

捕捞强度的大小是导致鱼类资源变动的重要原因之一。20 世纪中后期，在对水产品需求和经济利益的驱动下，渔民逐渐加大捕捞强度，在渔业生产过程中大量使用有害渔具，竭泽而渔，电毒炸鱼捕捞事件频发，导致鱼类的繁殖群体和补充群体被过度捕捞，这严重影响了渔业资源的生态资源承载能力，致使长江流域鱼类资源退化。长期的过度捕捞使整个长江流域淡水生态系统退化，淡水生物多样性降低，淡水生境受到严重破坏，一些优质生物种类濒临灭绝，生物完整性指数到了最低的"无鱼"等级。国家一级重点保护野生动物白鲟也已不见踪影，另外两种国家一级重点保护野生动物中华鲟和长江鲟的种群规模明显下降，鲥和松江鲈也已极度濒危。国家重点保护野生动物白鱀豚、白鲟、长江江豚的适口食物因长江渔业资源的不断衰退而减少，它们的濒危程度加剧。据统计，长江渔业的天然捕捞量在 1954 年达到最高的 42.7 万 t 之后，受过度捕捞的影响其渔业产量逐年下降，到 2019 年捕捞量不足 10 万 t，下降了约 80%（中华人民共和国农业农村部，2019）。

2.2.6 外来物种入侵

长江流域大部分生态区属于亚热带区域，气候温暖湿润，江河纵横交错，河流栖息地异质化程度非常高，为外来鱼类的入侵提供了很好的基础条件。非本土物种的入侵是对长江流域生物多样性造成威胁的主要因素之一，据估计，外来入侵鱼类已对流域内约 27.7% 的土著鱼类造成了威胁（Jin et al.，2022）。为了提高长江上游高原湖泊的渔业产量，人们从中下游引进青、草、鲢、鳙等经济鱼类，这些外来鱼类不断挤压土著鱼类的生存空间并吞食其鱼卵和幼苗，导致长江上游高原湖泊水体如滇池的土著鱼类的种类从 20 世纪 40 年代的 25 种下降至 1997 年仅剩 4 种（陈银瑞等，1998）。近年来，部分外来物种已经建立起稳定的种群，如今种群已处于爆发阶段（巴家文和陈大庆，2012）。如不采取有效防控措施，在"长江十年禁渔"实施后，捕捞胁迫因素的消除将进一步加剧流域内外来鱼类的蔓延趋势和入侵风险。

03
第 3 章

长江国家重点保护水生野生动物保护价值和利用现状

3.1 价值的构成

水生野生动物是一种宝贵的自然资源，同时也是生态系统中的重要组成部分，其价值不仅体现在维持生态平衡上，也体现在满足人类养殖开发与利用上。有关其价值构成的论述有多种。马建章等（1995）指出，水生野生动物的价值包括物种自身的价值和对人类的利用价值，前者是物种延续自身存在及特征的价值，标志着物种与环境、物种与物种之间需求与满足的关系。孙勇和林英华（1996）将生物的价值划分为直接价值和间接价值，前者是指通过直接利用、生产、交易过程所体现出来的价值，后者可被理解为生物资源在生态系统中所体现出来的价值。Stendell 和邹红菲（1998）在此基础上提出，水生野生动物自身的价值可以通过稀有程度等五类标准衡量，水生野生动物对人类的利用价值又可被分为商业价值等六类。蒋志刚（2001）认为野生动物具有内禀价值和利用价值，前者是人们通常谈到的价值，是概念性的描述，常常无法用货币单位测量，后者是可以用货币单位测量的价值。水生野生动物的价值可被简单划分为社会价值和经济价值两部分（图 3.1）。

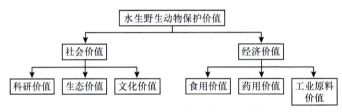

图 3.1 水生野生动物保护价值概念

3.1.1 社会价值

社会价值强调物种对人类的精神贡献，可由科研价值、文化价值和生态价值三部分组成。

（1）科研价值。水生野生动物的科研价值主要体现在物种本身所蕴含的各种生物信息。物种的生存既体现自然界进化选择的结果，同时也体现自然界演化发展的过程。理论上，每一个物种均代表了生物系统进化树上的一个位点，一些特殊种类更代表了一些生物类群。对生物个体来说，每一个物种均蕴含着人类尚难完全理解的生物信息，对这些信息的诠释会对人类社会的进步产生巨大影响。白鱀豚、江豚和中华鲟等均是动物研究方面的重要素材。

（2）生态价值。水生野生动物的生态价值主要体现在其在水域生态系统中的作用。水生野生动植物是水域环境中的重要组成部分，其资源状况对维持水域生态系统的平衡及环境中物种之间的平衡有重要作用，一个物种资源的变动会通过食物链对环境中的其他组成元素产生影响，进而对整个水域环境生态系统产生影响。

（3）文化价值。水生野生动植物的文化价值主要体现在其对人类社会精神生活的贡献。

水生野生动物具有娱乐性和观赏性，如海洋馆里的"水中大熊猫"中华鲟、"微笑天使"长江江豚、"长江女神"白鱀豚、呆萌可爱的"建筑工程师"水獭等，为人类的休闲娱乐和文化生活增添了丰富的内容。

3.1.2 经济价值

经济价值强调物种对人类经济的贡献，可分为食用价值、药用价值和工业原料价值三个方面。

（1）食用价值。中国是水生动物利用大国，以鱼、虾、贝、藻为例，目前已广泛开发利用的水生养殖种类超过 150 种，有一定经济产量的捕捞种类达到 300 多种，国外引进的经济种类超过 100 种（王健民等，2004）。随着人口数量的增加，在可持续发展的前提下，更多的水生动物将被作为人类的食物。

（2）药用价值。我国是世界上最早利用水生动物作为药物的国家。例如，有"水中人参"和"软黄金"之称的大鲵，肉质细嫩，富含多种人体必需氨基酸、金属硫蛋白和胶原蛋白。Cunningham 等（2016）研究发现，大鲵体内富含的金属硫蛋白通过调节人体微循环，能有效地清除人体内过多的重金属离子，对于预防重金属中毒和延缓衰老具有良好的作用。

（3）工业原料价值。水生动物或其产物可用作工业原料。鱼鳞可被制成鱼鳞胶，它是电影胶卷的重要原料；鱼皮和兽皮可被制成革；鱼油可被用于制造肥皂和润滑油；鱼肝可被用于提取鱼肝油；鱼内脏和骨骼可被制成鱼粉等。例如，大鲵表皮中富含的活性增白因子，在化妆品生产方面具有较大的开发价值。

3.2 利 用 现 状

3.2.1 养殖利用的必要性

1. 人工养殖有利于一些濒危物种的拯救和保护

（1）对于极度濒危小种群，需要规模化繁育维持其遗传不衰退，规模化养殖加上有效的谱系管理可促进濒危水生动物遗传的健康发展（Zhang et al.，2016）。

（2）人工繁育技术可用于产业发展，也可用于物种保护，技术上是相似的或相通的。

（3）人工繁育的产业利用可以平衡市场需求，减少对野生种群的捕捞压力。例如，大鲵作为我国特有的两栖动物，被列为国家二级重点保护野生动物和《濒危野生动植物种国际贸易公约》（CITES）附录 I 物种，具有十分重要的生态价值和科研价值。近年来，随着我国大鲵人工繁育技术日益成熟，人工繁育大鲵已经逐渐成为一种重要的水产经济物种，其在利用方面已完全取代了野生大鲵，这对大鲵野生资源的保护起到了积极作用（王明祥等，2017）。我国黑龙江鲟鳇鱼的保护与发展过程，也是以养殖利用促进保护的很好的案例。黑龙江野生鲟鳇鱼不仅没有因养殖而灭绝，并且其野生种群数量稳中有升，其以养殖利用促进保护的模式得到国际社会的认可。历史上，我国黑龙江鲟鳇鱼最高产量不到500t/a，产鱼子酱不到20t/a；然而，通过发展养殖，鲟鳇鱼产量占我国鲟养殖总产量的半壁江山即约50 000t/a，目前鱼子酱生产及出口量位居世界第一，数量和质量均享誉全球（何海龙和康萌，2014）。

2. 水生野生动物（包括鱼类）的生物学特性决定了其人类养殖利用的适合性

（1）多数繁殖力高、经人工繁育的水生野生动物（包括鱼类）后代可迅速形成规模化效应。以鲟为例，其怀卵量占其体重的10%～20%，在其自然资源急剧下降的情况下，通过人工繁育鱼苗，可快速形成产业化养殖规模（李融，2009）。

（2）水生野生动物（如鱼类）是人类优质蛋白的重要来源，在改善人类膳食营养结构方面发挥着重要作用。鱼类富含优质蛋白、脂类、脂溶性维生素和矿物质等，与畜禽类相比鱼类脂肪含量较低，且含有较多的不饱和脂肪酸，如二十二碳六烯酸（DHA，俗称脑黄金）等，有利于人类健康。例如，素有"黑色黄金"之称的鲟鱼子酱，富含蛋白质、微量元素和多种维生素，其成品中蛋白质含量高达26%～29%，另外其还含有多种氨基酸，必需氨基酸的比例也接近人体氨基酸组成（孙大江等，2014）。从营养学角度评价，鲟鱼子酱是高级营养品。

3.2.2 保护与养殖利用的关系

（1）保护的目的之一是保护野生原种种质资源长期可持续利用，为水产养殖育种提供原始材料或育种材料。水产原、良种作为国家重要的水产种质资源，是水产养殖业结构调整和水产业持续健康发展的物质基础。加快水产原、良种场体系的建设是实现我国渔业现代化的必经之路。为践行"渔业强国"的战略思想，加快我国渔业现代化建设，我国水产原、良种体系的建设进入了蓬勃发展阶段，截至2014年，全国共建有遗传育种中心25个，水产原种场90个，水产良种场423个，水产种苗繁育场1.5万家（桂建芳等，2016）。目前我国基本实现了水产养殖业良种体系从无到有的发展阶段。

（2）养殖利用可"反哺"野生原种的保护。近年来，随着人们对濒危动物保护意识的不断增强，保护生物学研究越来越受到广大学者的关注。许多濒危物种的生物学特性和生理特性被逐一摸清，特别是大鲵、鲟鳇鱼、胭脂鱼、淡水龟鳖等一系列珍稀濒危物种的全人工繁育技术陆续得到突破，并已形成相当大的规模（侯雁彬，2001）。对水生野生动物人工饲养种群的规范利用，既可以满足社会对水生野生动物的需求，减少野外种群利用压力，同时还可以通过人工饲养种群的野外放归，修复野生资源，从而实现保护和利用之间的良性互动（谢庆，2015）。因此养殖利用在发展繁育技术、降低捕捞压力、维持濒危物种谱系健康，甚至是产业利润"反哺"保护方面发挥着重要作用，如鲟鳇鱼类的养殖利用等。

04

第4章

长江国家重点保护水生野生动物保护措施及其保护效果评价

4.1 发展现状

多年来，我国制定并实施了一系列水生野生动物管理制度和措施。渔业主管部门相继制定并组织实施了海洋伏季休渔、长江禁渔期、海洋捕捞渔船控制等保护管理制度，开展了水生生物资源增殖放流活动，加强了水生生物自然保护区建设和濒危水生野生动物救护工作；环保、海洋、水利、交通等部门也积极采取了重点水域污染防治、自然保护区建设、水土流失治理、水功能区划等有利于水生生物资源养护的措施。

建立了较为完整的水生野生动物执法和监管体系。全国渔业行政及执法管理队伍按照统一领导、分级管理的原则，依法履行水生野生动物管理职能。环保、海洋、水利、交通等部门也根据各自职责设立了相关机构，加强了执法监管工作，为水生野生动物保护工作提供了有效的组织保障。

初步形成了与保护工作相适应的科研、技术推广和服务体系，为水生野生动物保护工作提供了坚实的技术支撑。

4.2 主要保护措施

4.2.1 立法保护

20 世纪 80 年，我国水生野生动物保护工作实现重大突破，其中很关键的一点就是法律法规体系的建立。1986 年《中华人民共和国渔业法》颁布实施，提出要对白鱀豚等珍贵、濒危的水生野生动物实行重点保护。1988 年《中华人民共和国野生动物保护法》颁布实施，提出要全面加强我国野生动物保护工作，与《中华人民共和国渔业法》规定的经济物种实行区别管理，1989 年又发布《国家重点保护野生动物名录》，将超过 70 种水生野生动物列入名录实行严格保护，水生野生动物保护工作得到不断加强。1994 年《中华人民共和国自然保护区条例》颁布实施，自然保护区建设和管理成为我国水生野生动物保护工作的一项重要抓手。据统计，截至 2018 年底，我国已经建立各级水生生物自然保护区 200 余处，其中国家级自然保护区 23 处，省级自然保护区 50 余处，保护了超过 500 万 hm² 的水生野生动物重要栖息地和超过 70% 的国家重点保护水生野生动物物种。1993 年和 1999 年，《中华人民共和国水生野生动物保护实施条例》和《中华人民共和国水生野生动物利用特许办法》先后颁布出台，对水生野生动物的保护管理，特别是规范水生野生动物经营利用提出了更加明确的要求。各项法律法规的出台，为水生野生动物的保护管理提供了制度保障，打下了良好的基础。

4.2.2 保护区建设

对水生野生动物栖息地的保护主要有"就地保护"和"迁地保护"两种方式，前者是主要措施，后者是补救措施。

就地保护作为拯救生物多样性的必要手段，通过建立自然保护区的方式对野生生物及其栖息地予以保护，以保持生态系统内生物的繁衍与进化，维持系统内的物质能量流动与生态过程（马建章等，2012）。为保护长江旗舰物种中华鲟，国家先后在长江流域建立了"长江湖北宜昌中华鲟省级自然保护区""上海市长江口中华鲟自然保护区""湖北长江新螺段白鱀豚国家级自然保护区"。保护区的建立对中华鲟物种及其栖息地的保护起到了良好作用。今后应在现有保护区的基础上不断探索中华鲟可能存在的新产卵场范围，产卵规模、繁殖群体现存量，逐步改善和恢复中华鲟栖息环境，结合人工扩增和优化的繁殖群体，实现人工群体的自我维持和对自然群体的有效补充，最终实现群体稳定健康。

迁地保护作为对就地保护的补充，也是生物多样性保护的重要部分。迁地保护可以有效地消除人为活动的影响，改善保护区与周边社区的关系，加快迁地保护区保护物种的种群建立。为保护国家二级重点保护野生动物长江江豚，在中国科学院水生生物研究所的主导下研究人员首次在天鹅洲故道对江豚进行了迁地保护，由起初的5头发展到今天的80多头，这是全球鲸类自然迁地保护的首个成功范例，对世界其他小型鲸类的保护提供了借鉴的意义（Wang，2009）。

4.2.3 人工繁育、驯养和增殖放流

近年来，随着人们保护濒危动物意识的不断增强，保护生物学的研究越来越受到广大学者的关注。许多濒危物种的生物学特性和生理特性被逐一摸清，特别是大鲵、鲟鳇鱼、胭脂鱼、圆口铜鱼等一系列珍稀濒危物种的全人工繁育技术陆续得到突破，并已形成相当规模。对水生野生动物人工饲养种群的规范利用，既可以满足社会对水生野生动物的需求，减少野外种群利用压力，同时还可以通过放归野外，修复野生资源，从而实现保护和利用之间的良性互动（谢庆，2015）。

开展水生生物增殖放流是促进渔业资源可持续发展、养护水生生物资源、修复水域生态系统和维护水生生物多样性的有效手段（张照鹏等，2021）。渔业资源增殖放流工作始于20世纪50年代末，80年代后增殖放流活动渐成规模，2000年以后增殖放流工作发展较快。目前，增殖放流已经成为一项政府支持、社会认可、群众赞成、效果明显的推进资源修复、推动生物保护和促进渔业发展的社会公益事业。

4.2.4 资源监测与科学研究

水生野生动物保护的重要步骤是对其进行监测和科学研究。通过实时监测，可以明确濒危野生动物野生种群数量的波动及地理分布区的变迁等，从而为国家制定相关保护政策提供科学依据。建立全国性的野生动物监测体系是十分必要的，这个体系的建立为野生动物的追踪监测创造了可能。长江流域开展的1~2次水生野生动物专项调查，掌握了87种

国家重点保护水生野生动物的野外分布区域、资源变动、栖息地面积、生态状况及栖息地的主要威胁因素，包括中华鲟、长江鲟、胭脂鱼、川陕哲罗鲑、鳗鲡、鳡等保护及受威胁物种的野生群体底数和自然繁殖情况；开展了 2～3 次专项调查和普查，全面掌握了由林业部门划转农业农村部门管理的水生生物保护物种野生种群、关键栖息地及人工保育现状。

4.2.5 水生野生动物救护

水生野生动物救护是通过对脱离原有自然生存环境的野生动物个体实施收容、治疗、康复护理等措施，协助其脱离生存威胁和伤病困扰，以恢复其野外生存能力并协助其回归自然为最终目的的一种法定行为，即使被救护对象健康地回归其原有的自然生存环境。水生野生动物救护是水生野生动物保护的主要组成部分，是就地保护和迁地保护的良好载体。我国水生野生动物救护工作起步较晚，直至 20 世纪 80 年代，才开始陆续建立野生动物救护机构。野生动物救护委员会第一次《全国野生动物救护机构基本情况调查》显示，截至2013 年，我国现有野生动物救护机构 115 家。

4.2.6 公众宣传教育

对公众的水生野生动物保护科普宣传教育是促进我国野生动物保护及可持续发展的重要手段。水生野生动物的保护与人类活动息息相关，人类是水生野生动物保护的主要实施者和间接受益者。受传统饮食文化中"食补"观念的影响，食用水生野生动物的现象在我国曾相当普遍，被食用的野生动物种类繁多，不仅有地方重点保护的水生野生动物，还有国家重点保护的水生野生动物。因此，从 2010 年开始，农业农村部每年都举办水生野生动物保护科普宣传月活动，广泛组织各级渔政主管部门，对公众开展持久且多样化的野生动物保护宣传教育，宣传我国水生野生动物保护相关法律法规，提高公众的野生动物保护认识和意识，创造人与自然和谐发展的良好社会氛围。

4.3 工 作 成 效

经过多年努力，我国已经初步建成了水生野生动物保护管理体系，水生野生动物保护工作取得了一定成效。

（1）法规建设方面。初步形成了以《中华人民共和国渔业法》《中华人民共和国野生动物保护法》《中华人民共和国长江保护法》为核心的水生生物保护的基本法律体系。对于水生野生动植物的保护和管理，我国农业农村部主要按照《国家重点保护野生动物名录》《国家重点保护野生植物名录（第一批）》《濒危野生动植物种国际贸易公约》（CITES）附录这 3 个名录进行管理。为适应水生野生动物经营利用发展形势的要求，农业部于 1999 年发布了《中华人民共和国水生野生动物利用特许办法》，对水生野生动物的捕捉、运输、人工繁育、利用、进出口等各个环节做出了明确规定，实行了许可制度。各级渔业主管部门根据该办法的规定，结合各自的实际情况，配套出台了水生野生动物经营利用具体管理规定。各项法律法规的出台和不断完善在渔业资源保护和可持续利用、水生生物保护地建设、水生野生动物特许利用和进出口管理及水生生物保护执法等相关工作中发挥了重要的政策导向和规范作用。

（2）保护区建设方面。建立水生生物自然保护区是对水生生物在其原栖息地进行就地保护，能够保持水域生态系统内生物的繁衍与进化及水生态系统服务和功能的正常运作，是保护长江流域濒危水生动物的一种有效措施（盛强等，2019）。截至2022年1月，长江流域已经建立了332个水生生物保护区，面积超过2万km²，包括53个自然保护区和279个种质资源保护区。至此，长江流域水生生物保护区建设已初具规模，已经从"数量型"转向"质量型"的发展阶段（朱传亚，2022）。水生生物重要栖息地已成为我国生态保护体系的重要组成部分，为保护水生生物及其栖息地发挥着重要作用。例如，湖北长江天鹅洲白鱀豚国家级自然保护区成功实现了世界首例江豚迁地保护。

（3）政策措施方面。各级渔业主管部门全面推进以增殖放流、海洋牧场建设、休渔禁渔、水产种质资源保护、水生野生动物保护及水域生态环境修复等为主要内容的水生生物保护行动，并取得了一系列突破性进展，水生生物多样性得到进一步保护，水生生物资源衰退和水域生态恶化的趋势得到一定的缓解。例如，2016年《农业部关于做好"十三五"水生生物增殖放流工作的指导意见》发布后，我国对长江流域水生生物增殖放流的规模不断扩大，重视程度越来越高，取得了良好的生态效益和经济效益。

（4）人工繁育及增殖方面。国家重点保护水生野生动物濒危程度高、野生个体数量少、抵御威胁能力弱，是自然界中最脆弱的部分，对人类社会发展、生态平衡和生物多样性起着极为重要的作用。人工繁育、驯养对于拯救国家重点保护水生野生动物具有很积极的作用。例如，中华鲟、长江鲟、胭脂鱼、大鲵、松江鲈鱼、扁吻鱼、青海湖裸鲤、秦岭细鳞鲑等珍稀濒危物种已实现了全人工繁殖。特别是大鲵人工繁殖在湖南、陕西、浙江、广东等地蓬勃开展，据初步统计，截至2021年，全国驯养繁殖的大鲵存有量超过2000万尾（杨海乐和危起伟，2021）。目前，我国已初步形成了以水生野生动物驯养繁殖基地、水族馆、海洋馆等为主体的水生野生动物驯养繁殖体系，驯养繁殖物种数量的不断增加为开展水生野生动物增殖放流、恢复野生种群数量提供了坚实的基础。

（5）救护与执法管理方面。各级渔业主管部门针对珍稀濒危水生生物大力开展救护工作，并加强执法监管。多年来累计救护、放生的中华鲟、江豚、长江鲟、胭脂鱼等国家重点保护水生野生动物达数万条，产生了较好的社会影响。同时，渔业主管部门还会同或配合公安、工商、海警、海关等部门，联合开展保护水生生物的清理整顿和执法监管行动。当前，水生生物保护执法总体架构已初步建立。

（6）宣传教育与国际合作方面。各级渔业主管部门已连续多年组织开展水生生物科普宣传活动，相关协会、社团、科研院校、救护中心、海洋馆、水族馆等单位也积极参与宣传教育活动。我国积极参与水生生物保护国际合作，认真履行国际职责，严格执行CITES等国际公约的各项决议。加强了长江江豚、中华鲟、长江鲟等国际关注度较高的物种监管，制定出台具有针对性的管理措施，开展专项执法行动，在国际社会展现了负责任大国形象。

05

第 5 章 长江国家重点保护水生
野生动物各论

5.1　哺乳动物

5.1.1　白鱀豚 *Lipotes vexillifer*

● 保护级别

国家一级重点保护野生动物

● 分类地位

哺乳纲 Mammalia 鲸目 Cetacea 白鱀豚科 Lipotidae

● 资源变动、濒危现状评价

　　20 世纪 80 年代初长江流域白鱀豚的数量约为 400 头，1986 年约为 300 头（Chen and Hua，1989），1990 年约为 200 头，1995 年不足 100 头。在短短的十余年间白鱀豚数量下降了 75%，下降速度之快超乎想象。1997 年由农业部和中国科学院水生生物研究所组织的联合调查发现，在长江干流江段、鄱阳湖和洞庭湖及其主要支流共发现白鱀豚 13 头（Zhang et al.，2003）。1998 年和 1999 年在采用同样方法但只考察部分主要江段的情况下分别发现白鱀豚 4 头和 5 头。这三年的考察结果表明，白鱀豚仅零星分散在长江的极少数江段中（Zhang et al.，2003）。连续三年的同步考察后，直到 2006 年虽然在长江中下游仍然有一些零星的观察到白鱀豚的记录，但是没有组织较大规模的白鱀豚调查。

● 濒危等级

　　《世界自然保护联盟（IUCN）濒危物种红色名录》：极危（CR）；《濒危野生动植物种国际贸易公约》（CITES）：附录 I。

形态特征

白鱀豚最大体长雌性成体为 253cm、雄性成体为 229cm，体型大小的性二型明显。体型中等，粗壮，有狭长而稍微上翘的喙和圆形额隆，低三角形的背鳍位于从吻端向后约2/3 体长处，是其最显著的野外识别特征。头骨的吻突狭长，在上齿列后端与眶前凹之间略缩窄；吻突侧面有明显侧沟，腹面两上颌骨间有约与上齿列等长的浅沟；上颌骨基部向后方扩展，在头骨后缘与上枕骨相接，侧缘向上翘起形成上颌脊，在眼眶部强烈上曲；鳞骨颧突不达额骨眶上突；上枕骨仅微向后方隆起，故头骨后缘平直；两上颌骨腭部相接；翼骨钩突具深凹腔；鼓围耳骨与颅骨保持松动的直接联系；下颌联合极长，其长接近或达到下颌骨长之半。

尾鳍扁平地分为两叉，两边的胸鳍呈扁平的手掌状，背鳍三角形。这四鳍为白鱀豚提供了优良的水中游动时方向与平衡的控制力，再加上光滑高弹性的皮肤与流线形的身躯，白鱀豚在逃避危险的情况下可达每小时 60km 的游速。平常它保持着每小时 10～15km 的游速。

鳍肢宽而梢端钝圆。与海生的海豚相比眼睛较小，但不像恒河豚的眼那样小。体上面主要呈蓝灰色或灰色，体下面白色。在头和颈的侧面从眼至鳍肢形成灰色和白色间的波状分界。白色部分在鳍肢前向上伸入灰色部分形成两个显著的白色斑。雌性生殖孔位于肛门前 18～20cm 处。

口中共有约 130 个尖锐牙齿，为同型齿。牙齿略前后扁，曲面向内，齿冠具由纵脊形成的网状釉褶。上下颌每个齿列有 31～36 枚圆锥形的齿。

习性与生活史

白鱀豚栖息于中国长江和钱塘江的下游，以及鄱阳湖和洞庭湖，它们喜欢留在沙洲旁边形成的大漩涡附近。主要栖息于水深一般为 10～20m、流速 1m/s 左右的长江及其支流、湖泊的入口处和江心沙洲附近的长江干流中。多在长有杂草和芦苇的沙洲、沙滩水段活动。

白鱀豚多在清晨和黄昏进食，常在晨昏时游至浅水区捕食鱼虾。靠自身发出的超声波发现食物并进行突袭式吞食。消化能力很强，捕到食物不经过咀嚼，整口吞入腹中。食量很大，日摄食量可占总体重的 10%～12%。主要猎物是草鱼、青鱼、鳊、鲢、鲤、三角鲂、赤眼鳟、鲇和黄颡鱼等。所食鱼体长多在 25cm 以下，体重不到 100g，最大的食物有 50cm 长，重 1200g，尤其偏爱体长不超过 6.5cm 的小鱼。

地理分布

白鱀豚是中国长江中下游特有物种。历史上西起宜昌西陵峡、东至上海长江口，全长约 1700km 的长江江段都有白鱀豚出没，包括洞庭湖、鄱阳湖等毗连长江干流的大小湖泊及河港，甚至还曾在富春江出现（华元渝等，1995）。

保护措施与建议

1987 年长江中游洪湖新螺段白鱀豚自然保护区成立，保护区内建立观察监督并执法的机构，禁止用滚钩渔具，加强科学研究，为整个长江的白鱀豚资源保护和增殖创造经验。1992 年农业部先后在长江中、下游的监利、城陵矶、九江、芜湖、镇江五处设立了白鱀豚保护救助站，旨在强化法治管理，减少人类活动引起的白鱀豚意外死亡（华元渝等，1995）。

1989～1994 年，我国先后建立了 2 个半自然保护区，即湖北石首天鹅洲故道白鱀豚保护区和安徽铜陵白鱀豚养护场，1995 年一头雌性白鱀豚安全移入天鹅洲保护区，这也是半自然保护区内的第一头白鱀豚（林克杰，1980）。

国务院于 1979 年颁布《水产资源繁殖保护条例》，严禁捕猎白鱀豚等重点保护野生动物。1984 年，安徽省人民政府发出了《关于严加保护白鱀豚的紧急通知》。1997 年，湖北省洪湖市人民政府发布了《关于加强白鱀豚自然保护区管理的通告》，划定并确立了8 个核心区、缓冲区和实验区，规定在核心区和缓冲区严禁渔业生产活动。为了更好地改善长江生态环境，农业农村部发布《农业农村部关于长江流域重点水域禁捕范围和时间的通告》，宣布自 2021 年 1 月 1 日 0 时起，我国正式实施"长江十年禁渔"。

5.1.2　长江江豚 *Neophocaena asiaeorientalis*

● 保护级别

国家一级重点保护野生动物

● 分类地位

哺乳纲 Mammalia 鲸目 Cetacea 鼠海豚科 Phocoenidae

● 资源变动、濒危现状评价

由于人类活动的干扰及环境的破坏，长江江豚的种群数量严重下降。作为顶级捕食者，长江江豚成为整个长江生态系统健康与否的指示物种，受到极大的关注。有研究者基于直接计数、可见系数法、经验估计及截线抽样法，估算 1984～1991 年长江流域约有长江江豚 2700 头，主要集中在武汉以下江段，约占 81%（张先锋等，1993）。1989～1992 年江阴至武汉江段约有长江江豚700头（周开亚等，1998）。1993～1999年湖口至南京江段约有长江江豚1054头（于道平等，2001）。鄱阳湖及其主要支流有长江江豚388头（肖文和张先锋，2000）。2006年、2012年、2017年和2022年，采用截线抽样法对全流域的考察表明，长江江豚分别为1800头、1045头、1012头和1249头。鄱阳湖种群数量稳中有升，洞庭湖种群数量下降后也有所恢复，全流域长江江豚数量波动最大的区域主要体现在干流上。1990～2006年，长江干流的长江江豚数量每年下降至少5%（Zhao et al.，2008）；2006～2012年每年下降13.7%（Mei et al.，2014）。2017年快速下降的趋势有所减缓，直到2022年种群数量才实现小幅增长（Huang，2020）。

● 濒危等级

《世界自然保护联盟（IUCN）濒危物种红色名录》：2012年被列为易危（VU）、2016年被列为极危（CR）、2017年被列为濒危（EN）；《中国生物多样性红色名录：脊椎动物卷（2020）》：极危（CR）。

● 形态特征

长江江豚成年个体平均体长1.2～1.6m，体重50～70kg，寿命约20年。其头部较短，近似圆形，额部稍微向前凸出，吻部短而阔，上下颌几乎一样长，牙齿短小，左右侧扁呈铲形。眼睛较小，很不明显。前5个颈椎愈合，肋骨通常为14对。身体的中部最粗，横剖面近似圆形。背脊上没有背鳍，鳍肢较大，呈三角形，末端尖，具有5指。尾鳍较大，分为左右两叶，呈水平状。后背在应该有背鳍的地方生有宽3～4cm的皮肤隆起，并且具有很多角质鳞。全身蓝灰色或瓦灰色，腹部颜色浅亮，唇部和喉部黄灰色，腹部有一些形状不规则的灰色斑。一些个体在腹面两个鳍肢的基部和肛门之间的颜色变淡，有的还带有淡红色，特别是在繁殖期尤为显著。

● 习性与生活史

长江江豚喜欢单独或成对活动，结成群体时一般不超过5头。通常由2～3头个体组成基本单元，基本单元一般是由一母一仔、一母一仔一幼或一雄一雌组成。其通过声呐系统定位、寻找食物和联系同伴，对水温的适应范围很广，能在4～20℃的水环境中正常生活（蒋文华，2000）。

长江江豚的食物主要是小型淡水鱼类。其个体一般在近岸有边滩的浅水区捕鱼，捕鱼时身体出水急骤，潜水时头部猛然扎入水中，激起涌浪，潜水时间相对较长，出水后又会在附近水域重复这种行为。而群体捕鱼时，一般是3～5头长江江豚会合在不到1000m²的水域范围内，形成不规则的半弧形，它们分开从不同的方向猛然扎入水中，激起涌浪，其摄食时特别是群体摄食时对干扰反应较迟钝（杨健和陈佩薰，1996）。

长江江豚的婚配制度为混交制，雌性首次生育年龄为4～6龄，雄性为5龄，繁殖周期一般为2年，交配期主要在3～6月。同一母系的长江江豚倾向于聚在一起，雄性后代大约会在2岁时离开母豚，或者与母豚的关系不紧密。性成熟的雌、雄个体常发生交配行为，整个过程可持续30～60min，包括发情、交配和配后等行为模式。

● 地理分布

长江江豚仅分布于中国长江流域内，地理区域包括安徽、湖北、江苏、江西、湖南和上海。长江江豚生活在长江中下游，其活动范围延伸至上游1600km处，即宜昌以上的峡谷（海拔200m）。该范围包括鄱阳湖和洞庭湖及其支流，以及赣江和湘江。长江江豚被认为是淡水种（朱瑶，2018）。

● 保护措施与建议

1986年10月，"淡水豚类生物学和物种保护"国际学术讨论会在武汉召开，会上提出了保护白鱀豚的三大措施，即就地保护、迁地保护和人工繁殖，这些保护措施同样适用于长江江豚。在这次会议的指引下，国家和地方各级职能部门及广大科研人员共同努力，先后在长江江豚分布较为密集的水域建立了一系列保护区、监测站和救护站。截至2017年，长江流域共设立9处长江江豚自然/迁地保护区，分别为湖北长江天鹅洲白鱀豚国家级自然保护区、湖北长江新螺段白鱀豚国家级自然保护区、湖南东洞庭湖江豚自然保护区、安徽铜陵淡水豚国家级自然保护区、江苏镇江长江豚类省级自然保护区、江西鄱阳湖长江江豚省级自然保护区、安徽安庆江豚省级自然保护区、江苏南京长江江豚省级自然保护区和湖北何王庙长江江豚省级自然保护区（徐跑等，2017）。

目前，湖北长江天鹅洲白鱀豚国家级自然保护区的迁地种群数量已达70头，安徽安庆江豚省级自然保护区、安徽铜陵淡水豚国家级自然保护区和湖北何王庙长江江豚省级自然保护区迁地种群数量分别为13头、8头和12头。除了就地保护和迁地保护之外，利用先进的技术手段推动人工繁育保护技术研究，增加其出生率并降低死亡率，则是一条新的途径。当然，这项工作还有待进一步的技术攻关。

5.1.3 水獭 *Lutra lutra*

● 保护级别

国家二级重点保护野生动物

● 分类地位

哺乳纲 Mammalia 食肉目 Carnivora 鼬科 Mustelidae

● 资源变动、濒危现状评价

中国的水獭种群在 20 世纪经历了大规模的缩减：从毛皮收购数量来看，20 世纪 50 年代初期广东省每年收购獭皮数以万计，到 1981 年下降到 382 张，獭皮产量不及 50 年代的 4%，这从一个侧面反映了水獭种群数量的下降（Li and Chan，2018）。研究人员对长白山自然保护区内水獭的长期监测显示，该地水獭种群数量自 1975 年以来下降了 99%，呈区域性灭绝状态（朴正吉，2011）。相关研究对全国范围内 3 种水獭的历史分布和现状进行了综述，发现水獭数量在 20 世纪 50～80 年代急剧下降，2017 年能确定的水獭记录只有 19 条，零星分布于原有分布区内，而江獭已无确认的分布记录（Li and Chan，2018）。Zhang 等（2018b）综合多种来源的数据，分析了我国水獭在过去 400 年间的分布变化，结果发现，20 世纪 50 年代之前水獭的分布区没有发生明显缩减，而 2000 年后仅有 57 个确认的分布点，其中 50 个是欧亚水獭，3 个是亚洲小爪水獭，还有 4 个物种不确定。该研究还以物种分布模型对欧亚水獭栖息地进行预测，发现目前欧亚水獭的主要潜在栖息地在东北及青藏高原东南部，而历史上有大量水獭分布的中东部地区只剩下零星且狭小的分布区（Zhang et al.，2018b）。吕江等（2018）对东北地区欧亚水獭潜在分布区的预测表明，水獭适宜栖息地面积为 $39.17×10^4km^2$，其中仅有 2.19% 在保护区内。

● 濒危等级

《世界自然保护联盟（IUCN）濒危物种红色名录》：近危（NT）；《中国生物多样性红色名录：脊椎动物卷（2020）》：濒危（EN）；《濒危野生动植物种国际贸易公约》（CITES）：附录 I。

● 形态特征

水獭体型细长，体长 560～800mm，尾长 300～400mm。躯体长，呈扁圆形。头部扁而略宽，吻短，眼睛稍凸而圆。耳朵小，外缘圆形，着生位置较低。四肢短而圆，趾（指）间具蹼。下颌中央有数根短的硬须，前肢腕垫后面长有数根短的刚毛。鼻孔和耳道生有小圆瓣，潜水时能关闭，防水入侵。全身毛短而密，具丝绢光泽。体背和尾部棕黑色或咖啡色，腹面毛长，呈浅棕色。

头骨至吻部粗短，额部较长，脑室宽大，呈扁梨形。眶间很狭窄，眶后嵴向后延伸呈 "V" 形颞嵴。人字嵴明显。成年水獭头颅各骨缝多数愈合，唯鼻骨的骨缝较明显。听泡扁平，三角形。

门齿 3 对，排成横列，外侧一对较大，约为另外两对门齿的 2 倍。犬齿圆锥形，上犬齿比下犬齿长。第一前白齿小，位于犬齿内侧。上裂齿很大，外缘刀状，内叶大而宽圆。上白齿矩形，第二下白齿圆形。

● 习性与生活史

水獭对栖息地的选择以食物丰富度、隐蔽度、干扰度及郁闭度为首要指标。研究表明，水獭一般选择水流稳定、沿岸有茂密的植被、食物丰富、无污染、人为干扰较少的中型河流并且周围有森林或草地包围的生境（Prenda et al.，2001）。觅食地点通常选择有多条溪流交汇的、平均水深在 1m 的小湖附近，岸边多岩石，坡度平缓利于进食和休息。巢穴多在岩石裂缝、倒木底下，也有灌木丛，但距其活动的水源一般不超过 18m（Anoop and Hussain，2004）。水獭通常选择高于河岸的位置建巢，这可能是为了避免洪水的冲击（Pardini and Trajano，1999）。水獭的巢穴十分隐蔽，难以被发现，因此有关其巢穴的资料甚少。

水獭的食物主要以鱼类为主，其次是蛙类、鼠类、水禽和蟹类等甲壳动物，以及水边营巢的小型鸟类。但在食物充足的情况下，不同种类的水獭各有其偏好，如亚洲小爪水獭的食物几乎全为蟹类，江獭则喜欢吃大鱼，而欧亚水獭为杂食性。研究表明，水獭的食性存在季节变化，如欧亚水獭春夏季多以非鱼类（甲壳类、蛙类、鼠类、鸟类）为食，而秋冬季多以鱼类为食。水獭在不同季节捕食对象的变化可能是由不同食物种类在不同季节丰富度的不同所致（Taastrøm and Jacobsen， 1999）。水獭习惯捕食猎物活体，尤其是逃逸能力较差的动物，如鱼类中的鲇和无脊椎动物中的蟹类（Pardini，1998）。

● 地理分布

我国分布有 3 种水獭，即欧亚水獭、亚洲小爪水獭及江獭。历史上，欧亚水獭广泛分布于我国东南部和中部的大部分地区，另外在东北和新疆北部也有分布；亚洲小爪水獭分布在我国南方各省份，包括福建、广东、广西、贵州、云南，以及西藏东南部；江獭在我国仅分布于云南南部和西部边境，另在贵州部分地区和广东的珠江口可能有少量分布（雷伟和李玉春，2008）。

● 保护措施与建议

①加强立法保护，建立自然保护区。②栖息地质量评估。调查水污染情况、食物丰富度、栖息地连通性和环境容纳量，并由此估计重引入种群的规模能否达到可自我维持的程度。③源种群选择。调查和评估残存种群能否为重引入工作提供异地放归的个体。如野生个体不可获得，则需要从迁地保护的种群获得放归个体，如动物园圈养繁殖的水獭。④社区调查。在拟开展水獭重引入的地点及周边地区开展社区调查，了解当地民众对于水獭的态度，开展水獭和野生动物保护法相关知识的公众教育普及，减少偷猎的可能性。⑤监测方案制定。设计水獭放归后的跟踪监测方案，确保可以获得放归个体的存活率、移动轨迹和栖息地利用等方面的信息，用以评估重引入工作是否成功。

5.2 两栖动物

5.2.1 安吉小鲵 *Hynobius amjiensis*

● 保护级别

国家一级重点保护野生动物

● 分类地位

两栖纲 Amphibia 有尾目 Caudata 小鲵科 Hynobiidae

● 资源变动、濒危现状评价

中国特有，分布区狭窄，全球气候变化影响加剧，栖息地面积减少，旅游开发导致人为干扰加强，环境质量恶化。安吉小鲵繁殖种群150～300只，种群数量下降（江建平和谢锋，2021）。

● 濒危等级

《世界自然保护联盟（IUCN）濒危物种红色名录》：极危（CR）；《中国生物多样性红色名录：脊椎动物卷（2020）》：极危（CR）；《濒危野生动植物种国际贸易公约》（CITES）：附录Ⅲ。

● 形态特征

雄鲵全长153～166mm，头体长79～86mm；雌鲵全长166mm左右，头体长85mm左右。头部卵圆而扁平；无唇褶和囟门，颈褶明显；犁骨齿列呈"ꝩ∫"形，齿列向后延伸达眼球后缘。皮肤光滑；肋沟13条。前、后肢贴体相对时，指、趾端相重叠，指4，趾5。

尾长略短于头体长，尾侧扁，尾鳍褶明显。体背面暗褐色或棕褐色，腹面灰褐色。

● 习性与生活史

安吉小鲵生活于海拔 1300m 的山顶沟谷间的沼泽地内。周围植被较为繁茂，地面有浸水坑，水深 50～100cm。成鲵于 12 月到翌年 3 月繁殖，卵袋成对，多附在水草间，长 460～580mm，每条卵袋内有卵 43～90 粒，雌鲵可产卵 96～174 粒。

● 地理分布

浙江（安吉）、安徽（清凉峰国家级自然保护区）。

● 保护措施与建议

浙江清凉峰国家级自然保护区重点保护对象，已经开展了人工繁殖个体的放归活动。

5.2.2 中国小鲵 *Hynobius chinensis*

● 保护级别

国家一级重点保护野生动物

● 分类地位

两栖纲 Amphibia 有尾目 Caudata 小鲵科 Hynobiidae

● 资源变动、濒危现状评价

中国特有，受农业活动影响，栖息环境受到破坏。

● 濒危等级

《世界自然保护联盟（IUCN）濒危物种红色名录》：濒危（EN）；《中国生物多样性红色名录：脊椎动物卷（2020）》：濒危（EN）。

● 形态特征

全长165～205mm。头长明显大于头宽；无唇褶和囟门；犁骨齿列呈"ㄟʃ"形，犁骨内枝有齿11～15枚，齿列向后延伸至眼球中部。躯干短而粗，皮肤光滑，头顶部有"V"形脊；肋沟11～12条。前、后肢贴体相对时，指、趾相遇，指4，趾5；无掌、跖突。尾短于头体长，向后侧扁，尾鳍褶极低。体背面几乎为一致的黑色；腹面浅褐色，散以色斑。

● 习性与生活史

中国小鲵生活于海拔1400～1500m的山区。11月和12月为繁殖期，卵袋成对沉于水底，呈"C"形，每对卵袋含卵60～80粒。陆栖时不能离水源太远，以苔藓或节肢动物幼虫为食。

● 地理分布

湖北（宜昌）。

● 保护措施与建议

湖北省长阳建立了中国小鲵自然保护区。

5.2.3 挂榜山小鲵 *Hynobius guabangshanensis*

● 保护级别

国家一级重点保护野生动物

● 分类地位

两栖纲 Amphibia 有尾目 Caudata 小鲵科 Hynobiidae

● 资源变动、濒危现状评价

中国特有，土地利用方式改变，导致栖息地的生态环境质量下降，其种群数量很少，数量下降（江建平和谢锋，2021）。

● **濒危等级**

《世界自然保护联盟（IUCN）濒危物种红色名录》：极危（CR）；《中国生物多样性红色名录：脊椎动物卷（2020）》：极危（CR）。

● **形态特征**

雄鲵全长 125～151mm。头部卵圆形、略扁，头长明显大于头宽；眼球明显凸起（也可缩入眼窝）；无唇褶和囟门；上、下颌具细齿，上颌齿通常为一列，其后若有齿，则后列齿较稀，或者不整齐；犁骨齿列呈"ﾉﾉ"或"V"形。腹颈褶和侧颈褶都很明显。躯干圆柱状，腹面略扁平；肋沟 13 条。前、后肢贴体相对时，指、趾重叠达 3 条肋沟，指 4，趾 5；内、外掌突和跖突均较圆。尾部有背、腹鳍褶。雄鲵肛部隆起明显，肛孔前缘有一小乳突。体背面黑色或黄绿色，具蜡光，无斑纹；腹面灰色略显紫红色，有许多白色小斑点。

● **习性与生活史**

挂榜山小鲵生活于海拔 720m 左右的山区小水塘、沼泽地及其附近，营陆栖生活，多栖息在落叶层下和土洞内。繁殖季节为 11 月，卵袋多产在水质清澈透明的静水池塘内，每对卵袋含卵 130～165 粒。雄鲵有护卵习性。

● **地理分布**

湖南（祁阳挂榜山）。

● **保护措施与建议**

建有湖南祁阳挂榜山小鲵省级自然保护区进行专项保护。

5.2.4 普雄原鲵 *Protohynobius puxiongensis*

● **保护级别**

国家一级重点保护野生动物

●分类地位

两栖纲 Amphibia 有尾目 Caudata 小鲵科 Hynobiidae

●资源变动、濒危现状评价

中国特有，分布极狭窄，栖息地的生态环境质量急剧下降，其种群数量极少。繁殖群体不超过 200 尾（江建平和谢锋，2021）。

●濒危等级

《世界自然保护联盟（IUCN）濒危物种红色名录》：极危（CR）；《中国生物多样性红色名录：脊椎动物卷（2020）》：极危（CR）。

●形态特征

雄鲵全长 133mm 左右。头扁平呈卵圆形，头长大于头宽；无唇褶和囟门，颈褶明显；犁骨齿很短，呈"∩∩"状。体两侧有肋沟 13 条。指 4，趾 5。尾细，短于头体长，背鳍褶弱。头骨无前颌囟；左右鼻骨间有一片鼻间骨。掌突 2 个，内跖突明显，外跖突不显。体背、腹面皮肤光滑，头侧从眼后至颈褶有一条细的纵沟，纵沟下方较隆起；背脊平，无沟；腹部中央有一条浅纵沟。体背面暗棕色，腹面深灰色。尾部背面略显棕黄色斑。

●习性与生活史

普雄原鲵生活于海拔 2900m 以上的高山区域的溪流附近。

●地理分布

四川（越西）。

●保护措施与建议

部分栖息地被四川申果庄省级自然保护区覆盖，种群调查和人工繁育工作正在进行中。

5.2.5 巫山巴鲵 *Liua shihi*

●保护级别

国家二级重点保护野生动物

●分类地位

两栖纲 Amphibia 有尾目 Caudata 小鲵科 Hynobiidae

●资源变动、濒危现状评价

中国特有，种群数量较小，生存环境变化对其生存构成压力。

● **濒危等级**

《世界自然保护联盟（IUCN）濒危物种红色名录》：无危（LC）；《中国生物多样性红色名录：脊椎动物卷（2020）》：近危（NT）。

● **形态特征**

雄鲵全长 151～200mm，雌鲵全长 133～162mm，尾长略大于头体长。头部扁平，头长略大于头宽；唇褶发达，上唇褶包盖下颌后半部；犁骨齿呈"ᐱᐱ"形；掌、趾腹面有棕色角质鞘。指 4，趾 5。体背面黄褐色、灰褐色或绿褐色，有黑褐色或浅黄色大斑；腹面乳黄色或有黑褐色细斑点。

● **习性与生活史**

巫山巴鲵生活于海拔 1310～1722m 的山溪缓流处，成体以水栖为主。3 月下旬至 4 月为繁殖季节，雌鲵产出卵袋一对，卵袋弯曲似辣椒状，每袋内有卵 6～8 粒。幼体多栖于水流平缓的石下或岸边石间。成体以毛翅目等水生昆虫的幼虫、金龟子成虫及虾类、藻类为食。

● **地理分布**

河南（商城）、陕西（平利）、重庆（巫山、巫溪、城口、开州）、四川（万源）、湖北（神农架、巴东、宜昌）、贵州（大方）。

● **保护措施与建议**

重庆大巴山国家级自然保护区、四川花萼山国家级自然保护区等保护区内有分布。

5.2.6　秦巴巴鲵 *Liua tsinpaensis*

● **保护级别**

国家二级重点保护野生动物

● 分类地位

两栖纲 Amphibia 有尾目 Caudata 小鲵科 Hynobiidae

● 资源变动、濒危现状评价

中国特有，生活于山区小溪中，因捕捉压力，资源下降。

● 濒危等级

《世界自然保护联盟（IUCN）濒危物种红色名录》：易危（VU）；《中国生物多样性红色名录：脊椎动物卷（2020）》：濒危（EN）。

● 形态特征

雄鲵全长 125～136mm，头体长 64～68mm，尾长与体长几乎相等；头扁平，棕褐色，有少量金黄色小斑；头长大于头宽，口裂达眼后下方；上、下颌缘具齿。躯体圆柱形，尾基圆，向后侧扁；肋沟 13 条。四肢短，指 4，趾 5。背中直到尾基为金黄色与棕褐色杂交的不规则云斑，背侧棕褐色，向外渐暗绿；腹藕色，杂以细白色点，正中有一蓝色宽纹。

● 习性与生活史

秦巴巴鲵生活于海拔 1770～1860m 的高山小溪，群居，成鲵陆栖。5～7 月产卵，雌鲵产卵袋一对，每袋内有卵 6～11 粒。幼体具 3 对外鳃，以昆虫和虾类为食。

● 地理分布

陕西（周至、宁陕）、河南西部、四川（万源）。

● 利用情况

具药用价值。

● 保护措施与建议

四川花萼山国家级自然保护区等多个保护区内有分布。

5.2.7 黄斑拟小鲵 *Pseudohynobius flavomaculatus*

● 保护级别

国家二级重点保护野生动物

● 分类地位

两栖纲 Amphibia 有尾目 Caudata 小鲵科 Hynobiidae

● 资源变动、濒危现状评价

中国特有，栖息地的生态环境质量下降，种群数量较少。

● 濒危等级

《世界自然保护联盟（IUCN）濒危物种红色名录》：易危（VU）；《中国生物多样性红色名录：脊椎动物卷（2020）》：易危（VU）。

● 形态特征

雄鲵全长 158～189mm，雌鲵全长 138～180mm，雄、雌鲵尾长分别为头体长的 88% 和 79% 左右。头较扁平呈卵圆形，头长大于头宽；吻端钝圆，无唇褶；有前颌囟；犁骨齿列呈"ᴗ"形。躯干近圆柱状而背腹略扁；尾鳍褶低平，末端多钝圆。皮肤光滑，眼后至颈褶有一条细纵沟，头顶中部有"V"形隆起，背中央脊沟较显著，肋沟 11～12 条。头体腹面光滑，颈褶明显。前肢较后肢略细，前、后肢贴体相对时，指、趾端相遇或略重叠；掌、跖部无黑色角质层，指 4，趾 5。体背面紫褐色，有不规则的黄色斑或棕黄色斑，斑块的大小、多少和形状变异较大，一般头部的斑较小，背部的大，尾后段的斑较少或无；腹面为浅紫褐色。繁殖季节雄性头体及四肢背面有白刺；肛孔呈"↑"形，其前缘有一个浅色乳突。

● 习性与生活史

黄斑拟小鲵生活于海拔 1158～2165m 的山区。成鲵营陆地生活，繁殖季节在 4 月中旬，此期雌、雄成鲵到溪流内交配，在泉水洞内或小溪边有树根的泥窝内产卵。雌鲵产出卵袋一对，卵袋长 140～270mm，直径 10～14mm，呈螺旋状；卵粒交错排列在袋内，每条袋内有卵 16～26 粒，一尾雌鲵产卵 33～49 粒。幼体需 1.5～2 年才能完成变态。

● **地理分布**

湖北（利川）、湖南（桑植）。

● **保护措施与建议**

湖南八大公山国家级自然保护区等保护区内有分布。

5.2.8　贵州拟小鲵 *Pseudohynobius guizhouensis*

● **保护级别**

国家二级重点保护野生动物

● **分类地位**

两栖纲 Amphibia 有尾目 Caudata 小鲵科 Hynobiidae

● **资源变动、濒危现状评价**

中国特有，栖息地生态环境质量下降，种群数量较少。

● **濒危等级**

《世界自然保护联盟（IUCN）濒危物种红色名录》：数据缺乏（DD）；《中国生物多样性红色名录：脊椎动物卷（2020）》：数据缺乏（DD）。

● **形态特征**

雄鲵全长 176.0～184.0mm，雌鲵全长 157.1～203.4mm，雄、雌鲵尾长分别为头体长的 92.5% 和 87.4% 左右。头部扁平呈卵圆形，吻端钝圆；无唇褶；上、下颌有细齿；前颌囟大；犁骨齿列长，呈"⌄"形。躯干圆柱状，背腹略扁；头后至尾基部脊沟明显；肋沟 12～13 条；尾部肌节间有浅沟，尾背鳍褶起始于尾基部上方，末端多钝尖。皮肤较光滑，头部、体背及四肢背面无小白点。前肢明显较后肢细，前、后肢贴体相对时，指、趾端重叠；掌、跖部无黑色角质层，指 4，趾 5，指、趾略宽扁，无蹼。生活时整个背面紫褐色，有不规则的橘红色或土黄色近圆形斑，斑块的大小、多少和形状变异较大。雄鲵背尾鳍褶发达，前、后肢及尾基部较粗壮；肛部隆起明显，泄殖腔纵裂，纵裂前方两侧有一较深的横沟，横沟中部有一小的肉质凸起，雌鲵肛孔呈椭圆形隆起。

• 习性与生活史

贵州拟小鲵生活于海拔 1400～1700m 的山区。山上长有常绿乔木和灌丛，杂草丛生，植被繁茂，地表枯枝落叶层较厚，溪流水质清澈，终年不断，环境湿度较大。成体非繁殖期远离水域，生活于植被繁茂、地表枯枝落叶层厚、阴凉潮湿的环境中。幼体栖息在小溪内回水处。溪沟宽 2m 左右，水深 40cm 以下，水流平缓，水质清澈，水底为砂石，部分水域有落叶沉积。

• 地理分布

贵州（贵定）。

• 保护措施与建议

①加强自然种群的调查；②新建保护区，强化栖息地的保护和管理；③加大人工繁殖个体的放归力度，促进自然种群的复壮。

5.2.9 金佛拟小鲵 *Pseudohynobius jinfo*

• 保护级别

国家二级重点保护野生动物

• 分类地位

两栖纲 Amphibia 有尾目 Caudata 小鲵科 Hynobiidae

• 资源变动、濒危现状评价

中国特有，种群数量稀少，生存环境变化对其生存构成压力，数量下降（江建平和谢锋，2021）。

● 濒危等级

《世界自然保护联盟（IUCN）濒危物种红色名录》：濒危（EN）；《中国生物多样性红色名录：脊椎动物卷（2020）》：极危（CR）。

● 形态特征

雄鲵全长 198mm 左右，雌鲵全长 163mm 左右。头长大于头宽；无唇褶；上、下颌有细齿；犁骨齿列长，呈"ᴗ"形。无掌、跖突，指 4，趾 5。雄鲵肛部隆起明显，肛裂前缘有一个乳白色的凸起。头后至尾基部脊沟明显；尾明显长于头体长；皮肤较光滑，头部、体背及四肢背面未见小白刺。生活时整个背面紫褐色，有不规则的土黄色小斑点或斑块，斑块的大小、多少和形状变异较大。早期幼体具平衡肢。

● 习性与生活史

金佛拟小鲵生活于海拔 1980～2150m 的植被繁茂山区。白天成体隐蔽在溪边草丛，晚上在水内活动。非繁殖期成鲵远离水域，生活于灌木杂草茂密的地表枯枝落叶层潮湿的环境中。

● 地理分布

重庆（南川金佛山）。

● 保护措施与建议

重庆金佛山国家级自然保护区的主要保护对象之一。

5.2.10 宽阔水拟小鲵 *Pseudohynobius kuankuoshuiensis*

● 保护级别

国家二级重点保护野生动物

● 分类地位

两栖纲 Amphibia 有尾目 Caudata 小鲵科 Hynobiidae

● 资源变动、濒危现状评价

中国特有，种群数量稀少。没有长期开展种群研究，种群变动趋势未知（江建平和谢锋，2021）。

● 濒危等级

《世界自然保护联盟（IUCN）濒危物种红色名录》：极危（CR）；《中国生物多样性红色名录：脊椎动物卷（2020）》：濒危（EN）。

● 形态特征

雄鲵全长 162mm，雌鲵全长 150～155mm，雄、雌尾长分别为头体长的 90% 和 73% 左右。头部扁平，呈卵圆形，头长为头宽的 1.6 倍左右；吻端钝圆，凸出于下唇；无唇褶；有前颌囟；犁骨齿列短，呈"◡◡"形。躯干近圆柱状，背腹略扁；尾背鳍褶较弱，末段侧扁渐细窄，末端钝圆。皮肤光滑，头部、体背及四肢背面有小白点；头顶中部有一"V"形隆起，中间略凹陷；头后至尾基部脊沟较显著；肋沟 11 条；头体腹面光滑，颈褶明显；尾部肌节间有浅沟。四肢适中，前肢比后肢略细，无蹼；前、后肢贴体相对时，指、趾端仅相遇或略重叠；掌、跖部无黑色角质层，掌、跖突略显，指 4，趾 5。整个背面紫褐色，其上土黄色斑块近圆形，其多少有变异，一般头部的较小，体背和尾部的较大，尾后段较少；体腹面色较浅。雄鲵肛部泡状隆起明显，肛孔前缘有一个浅色乳突。幼体全长 52～56mm 时，头部扁平，吻端圆，唇褶不显，犁骨齿列呈"◠◠"形，外鳃 3 对；指、趾末端均有爪状角质层；体背面和尾部棕灰色，杂以深褐色斑；腹面色浅。

● 习性与生活史

宽阔水拟小鲵生活于海拔 1350～1500m 的山区，主要植被有灌木丛、阔叶乔木林、茶树丛和草丛。在非繁殖期间营陆栖生活，多栖息于阴凉潮湿处。幼体生活于小山溪水凼回水处。

● 地理分布

贵州（绥阳、桐梓、习水）。

● 保护措施与建议

贵州宽阔水国家级自然保护区和梵净山国家级自然保护区内有分布。

5.2.11 水城拟小鲵 *Pseudohynobius shuichengensis*

● 保护级别

国家二级重点保护野生动物

● 分类地位

两栖纲 Amphibia 有尾目 Caudata 小鲵科 Hynobiidae

● 资源变动、濒危现状评价

中国特有，分布区狭窄，栖息地面积减少，人为干扰强，环境质量恶化。

● 濒危等级

《世界自然保护联盟（IUCN）濒危物种红色名录》：极危（CR）；《中国生物多样性红色名录：脊椎动物卷（2020）》：濒危（EN）。

● 形态特征

雄鲵全长 178～210mm，雌鲵全长 186～213mm。雄、雌鲵尾长分别为头体长的 94% 和 91% 左右。头部扁平，呈卵圆形，头长远大于头宽，为头宽的 1.8～2 倍；吻端钝圆，无唇褶；前颌囟大，泪骨入外鼻孔和眼眶；犁骨齿列呈 "⌣" 形，左右枝不连接。躯干圆柱状，背腹略扁；尾后段很侧扁，尾末端多呈剑状。皮肤光滑有光泽，头后至尾基部脊沟较显著；一般肋沟 12 条；头体腹面光滑，颈褶明显。四肢较长，前、后肢贴体相对时，掌、跖部重叠 1/2；掌、跖部无黑色角质层，一般有内外掌突和跖突，有的个体外掌突和外跖突不显，指 4，趾 5。整个背面紫褐色，无异色斑纹；体腹面色较浅。雄鲵尾鳍褶发达；肛部隆起明显，肛孔 "↑" 形，前部有一个小乳突。

● 习性与生活史

水城拟小鲵生活于海拔 1910～1970m 的石灰岩山区，山上长有常绿乔木和灌丛及杂草，植被繁茂。成鲵非繁殖期陆栖，5 月上旬至 6 月下旬，成鲵进入泉水洞内交配产卵，雌鲵产卵袋一对，黏附在洞内壁上。卵袋呈长圆柱形，卵袋长 163～392mm，中段直径 17mm 左右，弯曲成螺旋状。卵单行或交错排列在袋内，一尾雌鲵可产卵 45～89 粒。幼体越冬多隐藏在水凼内叶片和石块下，翌年 5～7 月完成变态，并上岸营陆栖生活。

● **地理分布**

贵州（水城）。

● **保护措施与建议**

①加强自然种群的调查和监测；②强化栖息地的保护和管理；③加大规范化的人工繁殖和放归，促进自然种群的复壮。

5.2.12 弱唇褶山溪鲵 *Batrachuperus cochranae*

● **保护级别**

国家二级重点保护野生动物

● **分类地位**

两栖纲 Amphibia 有尾目 Caudata 小鲵科 Hynobiidae

● **资源变动、濒危现状评价**

中国特有，具药用价值，因人类活动影响，种群数量急剧下降。

● **濒危等级**

《世界自然保护联盟（IUCN）濒危物种红色名录》：未评估；《中国生物多样性红色名录：脊椎动物卷（2020）》：数据缺乏（DD）。

● **形态特征**

雄鲵全长 106～126.5mm，雌鲵全长约 155mm，尾长为头体长的 83% 左右。头顶平，头长大于头宽，头后部较宽扁；吻部高，吻端宽圆，唇褶弱，不明显，也不包盖下唇。躯干浑圆；尾基部圆柱状，向后逐渐侧扁，尾鳍褶平直而低厚，仅后部较薄。皮肤光滑，眼后至颈褶有一条浅沟；颈侧部位较隆起，成体无鳃孔和外鳃残迹；头腹面无纵褶，颈褶呈弧形。体背面黄褐色，除吻部外，散布有深棕色斑点，体小者斑点更清晰；腹面灰黄色。雄鲵肛部略隆起，肛孔呈"↑"形，其前端中央有一个小乳突。

● 习性与生活史

弱唇褶山溪鲵生活于海拔 3500～3900m 的高山区，多栖息于植被繁茂、地面极为阴湿的环境中。

● 地理分布

四川（宝兴、小金）。

● 利用情况

药用。

● 保护措施与建议

四川蜂桶寨国家级自然保护区和四姑娘山国家级自然保护区内有分布。

5.2.13 无斑山溪鲵 *Batrachuperus karlschmidti*

● 保护级别

国家二级重点保护野生动物

● 分类地位

两栖纲 Amphibia 有尾目 Caudata 小鲵科 Hynobiidae

● 资源变动、濒危现状评价

中国特有，具药用价值，因人类活动影响和过度捕捉，种群数量急剧下降。

● **濒危等级**

《世界自然保护联盟（IUCN）濒危物种红色名录》：易危（VU）；《中国生物多样性红色名录：脊椎动物卷（2020）》：易危（VU）。

● **形态特征**

雄鲵全长 151～220mm，雌鲵全长 145～191mm。吻略呈方形，眼径大于眼前角到鼻孔间距，唇褶发达，舌小而长，两侧游离。尾较强壮，略短于体长，基部略圆，向后逐渐侧扁，尾鳍褶薄，只分布于尾的后侧背部。泄殖腔方形，后侧有凹槽。皮肤无斑点或者花纹，体背面黑褐色或黑灰色，腹面颜色稍亮。

● **习性与生活史**

无斑山溪鲵生活于海拔 1800～4000m 的山地小溪中，常栖息于较平整的石头下面。主要以水中的对虾、石蝇幼虫等为食。5～8 月为繁殖季节。

● **地理分布**

四川西部、西藏东北部、云南西北部。

● **利用情况**

药用。

● **保护措施与建议**

多个自然保护区内有分布。

5.2.14　龙洞山溪鲵 *Batrachuperus londongensis*

● **保护级别**

国家二级重点保护野生动物

- **分类地位**

两栖纲 Amphibia 有尾目 Caudata 小鲵科 Hynobiidae

- **资源变动、濒危现状评价**

中国特有，具药用价值，因人类活动影响、过度捕捉和外来物种入侵，种群数量急剧下降。

- **濒危等级**

《世界自然保护联盟（IUCN）濒危物种红色名录》：濒危（EN）；《中国生物多样性红色名录：脊椎动物卷（2020）》：易危（VU）。

- **形态特征**

雄鲵全长 155～265mm，雌鲵全长 163～232mm，体型肥大。头较扁平，头长大于头宽；吻短，吻端圆；鼻孔位于吻端两侧；眼大，与吻等长或略小于吻长；唇褶发达，上唇褶包盖下唇后部；舌窄长，前端游离缘狭窄，周缘无游离缘。尾粗壮，尾基部圆柱状，向后逐渐转为侧扁，尾末端钝圆；尾背鳍褶低厚，起自尾基后4～5个肌节处。雄鲵肛部微隆起，肛孔呈"↑"形，其前端中央有一个小乳突。皮肤光滑；眼后角向后有两条浅凹痕，一条止于口角后面，一条止于鳃裂前缘或前一条凹痕后面。体背面多为黑褐色、褐黄色或橙黄色，有的个体有褐黄色或橙黄色斑，有的个体背脊有一条橙黄色纵纹；腹面浅紫灰色，有的有蓝黑色云斑。

- **习性与生活史**

龙洞山溪鲵生活于海拔 1200m 左右的泉水洞及下游河内，河内石块甚多，水清凉。成鲵主要营水栖生活，常蜷曲于石下，在水中捕食虾类和水生昆虫及其幼虫等。

- **地理分布**

四川（峨眉山、洪雅、汉源、荥经）。

- **利用情况**

药用。

- **保护措施与建议**

多个自然保护区内有分布。

5.2.15 山溪鲵 *Batrachuperus pinchonii*

- **保护级别**

国家二级重点保护野生动物

分类地位

两栖纲 Amphibia 有尾目 Caudata 小鲵科 Hynobiidae

资源变动、濒危现状评价

中国特有，具药用价值，因人类活动（水电建设、过度捕捉和外来物种入侵）影响，种群数量急剧下降。

濒危等级

《世界自然保护联盟（IUCN）濒危物种红色名录》：易危（VU）；《中国生物多样性红色名录：脊椎动物卷（2020）》：易危（VU）。

形态特征

雄鲵全长 106～204mm，雌鲵全长 150～186mm。头部略扁平，头长大于头宽；吻端圆；鼻孔略近吻端；唇褶明显或不明显；舌大，长椭圆形，两侧缘游离。躯干圆，略扁平，肋沟 12 条；指式：2≈3＞4＞1；趾式：3＞2＞4＞1。尾粗壮，圆柱形，向后逐渐侧扁；尾鳍低厚而平直，起自尾基部后 2～5 个肌节处。雄鲵肛部微隆起，肛孔呈"↑"形，其前端中央有一个小乳突。皮肤光滑，眼后至颈褶外侧有一条浅沟，头腹面有多条纵褶。体背面青褐色、橄榄绿色或棕黄色等，其上有褐黑色斑纹或斑点；腹面灰黄色，麻斑少。

习性与生活史

山溪鲵生活于海拔 1500～3950m 的山区溪流内，水流较急；溪两岸多为杉树和灌丛，枯枝落叶甚多，溪内石块较多。成鲵以水栖为主，一般不远离水域，多栖息于大石下或倒木下，捕食虾类、水生昆虫及其幼虫、蚯蚓等。雌鲵产卵袋一对，一端相连成柄并黏附在石块底面，卵袋长 65～96mm，直径 12～19mm，呈螺旋形或"C"形，每条袋内有卵 5～23 粒，一个雌鲵产卵 15～52 粒。

地理分布

四川西部盆周山区、云南西部。

● 利用情况

药用。

● 保护措施与建议

多个自然保护区内有分布，如甘肃秦州珍稀水生野生动物国家级自然保护区等将其作为重要保护对象。

5.2.16 西藏山溪鲵 *Batrachuperus tibetanus*

● 保护级别

国家二级重点保护野生动物

● 分类地位

两栖纲 Amphibia 有尾目 Caudata 小鲵科 Hynobiidae

● 资源变动、濒危现状评价

中国特有，具药用价值，因人类活动（水电建设、过度捕捉和外来物种入侵）影响，种群数量急剧下降。

● 濒危等级

《世界自然保护联盟（IUCN）濒危物种红色名录》：易危（VU）；《中国生物多样性红色名录：脊椎动物卷（2020）》：易危（VU）。

● 形态特征

雄鲵全长175～211mm，雌鲵全长170～197mm。头部较扁平，头长略大于头宽；吻短，吻端宽圆，吻棱不明显；鼻孔略近吻端；上唇褶很发达，下唇褶弱，为上唇褶所遮盖；舌大，长椭圆形，两侧略游离。躯干浑圆或略扁平；肋沟12条左右；前、后肢长度适中。尾肌发达，尾粗壮，呈圆柱状，向后逐渐侧扁；尾鳍褶低厚而平直，末端钝圆。雄鲵肛部隆起，肛孔呈"↑"形，其前端中央有一个小乳突。皮肤光滑，眼后至颈褶外侧有一条浅沟；头腹面有多条纵褶。体尾背面暗棕黄色、深灰色或橄榄灰色等，其上有酱黑色细小斑点或无斑；腹面较背面颜色略浅。

● 习性与生活史

西藏山溪鲵生活于海拔 1500～4300m 的山区或高原溪流内，多栖息于 1～2m 宽的小型山溪内或泉水沟石块下，以石块较多的溪段数量多。成鲵以水栖生活为主，白天隐于溪水底石下或倒木下；夜间常在溪内活动，有时也上岸爬行，行动缓慢。主要捕食虾类和水生昆虫及其幼虫。5～7 月为繁殖季节，繁殖季节雌鲵产卵袋一对，一端固着在石块或倒木底面，每条卵袋内有卵 16～25 粒，一条雌鲵可产卵 36～50 粒。

● 地理分布

甘肃东南部、陕西南部、四川北部、青海东部。

● 利用情况

药用。

● 保护措施与建议

四川黑水等地有人工繁殖。

5.2.17 盐源山溪鲵 *Batrachuperus yenyuanensis*

● 保护级别

国家二级重点保护野生动物

● 分类地位

两栖纲 Amphibia 有尾目 Caudata 小鲵科 Hynobiidae

● 资源变动、濒危现状评价

中国特有，具药用价值，因人类活动影响，种群数量急剧下降。

● 濒危等级

《世界自然保护联盟（IUCN）濒危物种红色名录》：濒危（EN）；《中国生物多样性红色名录：脊椎动物卷（2020）》：易危（VU）。

● 形态特征

雄鲵全长 163～211mm，雌鲵全长 135～175mm，体型细长。头甚扁平，头长大于头宽；吻圆，吻棱不明显；鼻孔略近吻端，内鼻孔小，长圆形；眼大，与吻长略等；上唇褶很发达，下唇褶弱，两侧被上唇褶遮盖约 2/3；舌大，长椭圆形，两侧略游离。躯干背腹扁平；肋沟 11～12 条；前、后肢细长；指式：3＞2＞4＞1 或 2＞3＞4＞1；趾式：3＞2＞4＞1。尾较长，尾肌弱，基部略圆，向后逐渐侧扁；尾鳍褶高而薄，起自尾基部，后部 1/4 几乎呈刀状，末端圆。雄鲵肛部微隆起，肛孔呈"↑"形，其前端中央有一个小乳突。皮肤光滑，眼后至颈褶有一条浅沟；头腹面有多条纵褶。体背面黑褐色、黄褐色或蓝灰色，其上有云斑；腹面灰黄色，褐色云斑少。

● 习性与生活史

盐源山溪鲵生活于海拔 2900～4400m 高山区的山溪内，两岸植被比较茂盛，一般沟宽 1～2m，水深不超过 30cm，沟底有大小石块、碎石等。成鲵以水栖为主，多栖于溪内石块下或枯枝落叶中。主要捕食沟虾类、水生昆虫及其幼虫，偶尔吃种子和藻类等。10月至翌年 2 月多在深水石下冬眠，有集中冬眠的现象。3～4 月为繁殖季节，卵袋成对黏附在水内石块底面；卵袋长 70～125mm，直径 8～15mm，呈"C"形圆筒状；每条卵袋内有卵 6～13 粒，每一雌鲵可产卵 12～25 粒。

● 地理分布

四川南部（盐源、冕宁、普格、德昌）。

● 利用情况

药用。

● 保护措施与建议

四川冕宁等地有人工繁殖。

5.2.18　大鲵 *Andrias davidianus*

● 保护级别

国家二级重点保护野生动物

● **分类地位**

两栖纲 Amphibia 有尾目 Caudata 隐鳃鲵科 Cryptobranchidae

● **资源变动、濒危现状评价**

中国特有。因水利工程和捕捉压力，栖息地受破坏，分布面积缩小，野生种群数量下降。

● **濒危等级**

《世界自然保护联盟（IUCN）濒危物种红色名录》：极危（CR）；《中国生物多样性红色名录：脊椎动物卷（2020）》：极危（CR）；《濒危野生动植物种国际贸易公约》（CITES）：附录I。

● **形态特征**

一般能长到1m左右，最长可达2m。头大，扁平而宽阔，头长略大于头宽；吻端圆；鼻孔位于眼前上方，小而呈圆形；眼分布于头顶上方两侧，无眼睑，眼间距宽，视力极差；上唇褶清晰；舌大而圆，与口腔底部粘连，四周略游离。躯干粗壮扁平；肋沟12～15条；前肢粗短，后肢较前肢略长；指式：2＞1＞3＞4；趾式：3＞4＞2＞5＞1。尾背鳍褶高而厚，尾腹鳍褶在近尾梢处开始明显。雄鲵肛部隆起，椭圆形，肛孔较大，内壁有乳白色小颗粒。体表光滑湿润；头部背腹面小疣粒成对排列；眼眶周围的疣粒排列较为整齐，更为集中，头顶和咽喉中部及上、下唇缘光滑无疣，眼眶下方、口角及颈侧疣粒排列成行；体侧粗厚的纵行肤褶明显，上、下方疣粒较大；其他部位的皮肤较光滑。生活时体色以棕褐色为主，其颜色变异较大；背腹面有不规则的黑色或深褐色的各种斑纹。

● **习性与生活史**

大鲵一般生活于海拔100～1200m（最高达4200m）的山区水流较为平缓的河流、大型溪流的岩洞或深潭中。成鲵多营单栖生活，幼体喜集群于石滩内。白天很少活动，偶尔上岸晒太阳，夜间活动频繁。主要以蟹、鱼、蛙、虾、水蛇、水生昆虫为食，成体有蚕食同类幼体行为。7～9月为繁殖盛期，雌鲵产卵袋一对，呈念珠状，长达数十米；一般产卵300～1500粒。

● 地理分布

华北、华中、华南和西南各省。

● 利用情况

具药用和食用价值。

● 保护措施与建议

人工繁育技术取得突破，已实现大规模人工繁殖，野外种群的增殖放流广泛开展，野生种群数量在逐渐恢复，但是遗传污染情况仍然存在。有多个保护区对其进行保护。包括9个国家级自然保护区，即湖北咸丰忠建河大鲵国家级自然保护区、湖南绥宁黄桑国家级自然保护区、湖南张家界大鲵国家级自然保护区、四川诺水河珍稀水生动物国家级自然保护区、陕西黑河珍稀水生野生动物国家级自然保护区、陕西太白湑水河珍稀水生生物国家级自然保护区、陕西略阳珍稀水生动物国家级自然保护区、陕西丹凤武关河珍稀水生动物国家级自然保护区、甘肃秦州珍稀水生野生动物国家级自然保护区，以及17个省级自然保护区、6个市级自然保护区、11个县级自然保护区。

5.2.19 大凉螈 *Liangshantriton taliangensis*

● 保护级别

国家二级重点保护野生动物

● 分类地位

两栖纲 Amphibia 有尾目 Caudata 蝾螈科 Salamandridae

● 资源变动、濒危现状评价

中国特有，因人类捕捉、污染、外来物种引入等活动影响，种群数量急剧下降。

● 濒危等级

《世界自然保护联盟（IUCN）濒危物种红色名录》：易危（VU）；《中国生物多样性红色名录：脊椎动物卷（2020）》：易危（VU）；《濒危野生动植物种国际贸易公约》（CITES）：附录Ⅱ。

● 形态特征

雄螈全长 186～220mm，雌螈全长 194～230mm。头部扁平，头顶部下凹，头长略大于头宽；吻部高，吻端平截，近方形；头背面两侧脊棱显著，后端向内侧弯曲成弧形，后缘与耳后腺相连；鼻孔近吻端，鼻后方到眼前分布有 10 个左右凹陷的小孔；无囟门、唇褶；上、下颌具细齿；舌卵圆，前后端与口腔底粘连，两侧游离。躯干粗壮，略扁；无肋沟；背部中央脊棱上有多个凹痕；指式：3＞2＞4＞1；趾式：3＞4＞2＞5＞1。尾窄长，尾基部较宽，尾后段甚侧扁，尾末端钝尖；尾背鳍褶薄，腹鳍褶厚实。体、尾均为褐黑色或黑色；耳后腺部位，指、趾、肛孔周缘至尾下缘为橘红色；体腹面颜色较体背面略浅。皮肤很粗糙；体背部满布疣粒，有的个体躯体两侧疣粒密集成纵行，无圆形瘰粒；腹面有横缢纹，尾部疣小而少。

● 习性与生活史

大凉螈生活于海拔 1390～3200m 的植被茂密、环境潮湿的山间凹地。成螈以陆栖为主，白天多隐蔽在石穴、土洞或草丛下，夜间外出觅食昆虫及其他小动物。5～7 月进入静水塘、沼泽水坑、稻田及溪流缓流内配对，交配行为在水中进行。雌螈产卵 250～274 粒，单粒分散在水生植物间或沉入水底。卵和幼体在水域内发育生长，一般当年完成变态。

● 地理分布

四川（汉源、冕宁、石棉、美姑、昭觉、峨边、马边、甘洛、越西、布拖）。

● 利用情况

药用（作为羌活鱼的伪品）。中国科学院成都生物研究所对其人工繁育的研究取得初步成功。

● 保护措施与建议

四川栗子坪等多个国家级或省级自然保护区内有分布。

5.2.20 贵州疣螈 *Tylototriton kweichowensis*

● 保护级别

国家二级重点保护野生动物

● 分类地位

两栖纲 Amphibia 有尾目 Caudata 蝾螈科 Salamandridae

● 资源变动、濒危现状评价

中国特有，因捕捉压力，野外种群数量下降。

● 濒危等级

《世界自然保护联盟（IUCN）濒危物种红色名录》：易危（VU）；《中国生物多样性红色名录：脊椎动物卷（2020）》：易危（VU）；《濒危野生动植物种国际贸易公约》（CITES）：附录Ⅱ。

● 形态特征

雄螈全长 155～195mm，雌螈全长 177～210mm；体型粗壮。头部扁平，头顶部有凹陷，头宽略大于头长；吻部短，吻端钝圆，两侧骨质脊棱明显；鼻孔位于吻前端；无唇褶和囟门；舌略呈长椭圆形，约占口腔底部的一半，前后端与口腔底粘连，两侧略游离。躯干粗壮略扁；无肋沟；前肢粗短；指式：3＞2＞4＞1；趾式：3＞4＞2＞5＞1。尾基部近圆形，向后逐渐侧扁，尾中段较高。雄螈肛部隆起宽大，肛孔纵长，内壁有乳突；雌螈肛部隆起小，肛孔短，内壁无乳突。皮肤粗糙，头背面、躯干及尾部有大小不一的疣粒；体两侧瘰疣密集略呈方形，并连续排列成纵行；体腹面较光滑，有横缢纹和小疣；卵呈圆形，卵径2～3.4mm，动物极棕黑色，植物极灰白色或棕黄色；幼体全长 67mm 时，尾长 31mm 左右，各部特征与成体相似。

● 习性与生活史

贵州疣螈生活于海拔 1400～2400m 的山区。成螈以陆栖为主，非繁殖季节生活于灌丛和稀疏乔木的山区。白天隐匿在阴湿的土洞、石穴、杂草丛中或苔藓层下，活动多见于晚上，觅食昆虫、蚯蚓、小螺、蚌及蝌蚪等小动物。4 月下旬至 7 月上旬在水塘、土坑、水井和稻田内繁殖。幼体在当年的 8 月底至 11 月初陆续完成变态。

● 地理分布

云南（大关、彝良、永善）、贵州（威宁、赫章、水城、金沙、大方、纳雍、织金、安龙）。

● 利用情况

药用，在欧洲有人工繁育项目并获得成功。

● 保护措施与建议

多个自然保护区内有分布，如贵州省纳雍大坪箐国家级湿地公园将其作为主要保护对象。

5.2.21 川南疣螈 *Tylototriton pseudoverrucosus*

● 保护级别

国家二级重点保护野生动物

● 分类地位

两栖纲 Amphibia 有尾目 Caudata 蝾螈科 Salamandridae

● 资源变动、濒危现状评价

中国特有，分布范围狭窄，资源稀少，其栖息环境受人类活动影响质量下降，泥石流等自然灾害频发，导致种群数量下降。

● 濒危等级

《世界自然保护联盟（IUCN）濒危物种红色名录》：濒危（EN）；《中国生物多样性红色名录：脊椎动物卷（2020）》：近危（NT）。

● 形态特征

雄螈全长 156.2～173.0mm，雌螈全长 178.2mm 左右；体型修长。头部扁平而较薄，顶部略有凹陷，头长大于头宽；吻短，吻端钝或略平截；头部两侧有显著的骨质脊棱，后端与耳后腺前端相连接；鼻孔位于近吻端的外侧；口角位于眼后角下方；犁骨齿呈"∧"形；躯干宽度均匀。雌螈躯干后段较宽；无肋沟；前肢细长，后肢长于前肢；前肢贴体向前掌部超出吻端；后肢细长；指式：3＞2＞4＞1；趾式：3＞4＞2＞5＞1；指、趾均无蹼；无指、趾角质鞘；无掌、跖突。尾侧扁，其长大于头体长；尾鳍褶高。雄螈肛部呈丘状隆起，雌螈肛部扁平；生活时头侧脊棱、体侧大瘰粒、背脊、指趾前段、肛部及尾部均为棕红色，头顶及其余部位黑色或棕黑色；体侧腋至胯部、头体和四肢腹面为棕红色（或棕黑色）或者其上有棕黑色（或棕红色）斑纹。皮肤粗糙，体侧至尾基部各有一纵列圆形大瘰粒，15～16枚，彼此不相连，瘰粒上、下方或多或少有红色大小疣粒。腹面较光滑，满布横缢纹。

● 习性与生活史

川南疣螈生活于海拔2300～2800m的山区，栖息于次生林带。成螈常活动于静水区域和湿地中。捕食小型水生昆虫和软体动物。繁殖期成螈昼夜出外活动，常聚集于沼泽地水坑和静水塘中交配或产卵。繁殖季节为6～7月。

● 地理分布

四川（宁南）。

● 保护措施与建议

①加强自然种群的调查；②新建保护区或保护小区，强化栖息地的保护和管理；③加大规范化的人工繁殖和放归，促进自然种群的复壮。

5.2.22 红瘰疣螈 *Tylototriton shanjing*

● 保护级别

国家二级重点保护野生动物

● 分类地位

两栖纲 Amphibia 有尾目 Caudata 蝾螈科 Salamandridae

● 资源变动、濒危现状评价

捕捉压力加之栖息地退化，导致种群数量急速下降。

● 濒危等级

《世界自然保护联盟（IUCN）濒危物种红色名录》：易危（VU）；《中国生物多样性红色名录：脊椎动物卷（2020）》：近危（NT）。

● 形态特征

雄螈全长 136～150mm，雌螈全长 147～170mm。头部扁平，头长大于头宽；吻部较高，略呈方形，吻端钝圆或平截；头背面两侧脊棱显著隆起，后端部分向内弯曲，后端与耳后腺前端相连接；鼻孔近吻端；无唇褶和囟门；上、下颌具细齿；舌较小，近圆形或卵圆形，前后端与口腔底粘连，两侧游离；口裂达眼后角下后方；犁骨齿呈"∧"形；颈褶明显。躯干圆柱状；无肋沟；背中央有细脊棱；体背部脊棱宽平；前、后肢均较长；指式：3＞2＞4＞1；趾式：3＞4＞2＞5＞1；无指、趾缘膜；无指、趾角质鞘；无掌、跖突。尾部较弱，尾基部宽厚，向后侧扁，尾末端钝圆；尾鳍褶较低，尾背鳍褶发达，起自背中部；背部及体侧棕黑色；头部、背部脊棱、体侧瘰粒、尾部、四肢、肛周围均为棕红色或棕黄色；腹面以棕黑色为主。全身满布疣粒，有圆形瘰粒 14～16 枚，排成纵列；体腹面有横缢纹。

● 习性与生活史

红瘰疣螈生活于海拔 1000～2000m 的山区林间及稻田附近。成螈营陆栖生活，5～6 月进入静水塘、稻田或水井内交配产卵，交配时不抱对，雄性扇尾，雌性追逐转圈，体内受精。卵产出为单粒状，分散黏附在水塘岸边草间或石上或湿土上，有的连成串或成片状。一只雌螈产卵 75～119 粒，幼体在静水内发育生长，一般当年完成变态。

● 地理分布

国内分布于云南（泸水、丽江、大理、腾冲、盈江、永德、龙陵、陇川、景东、景谷、景洪、双柏、新平、建水、大姚、巧家）。国外分布于泰国、缅甸北部。

● 保护措施与建议

①加强自然种群的调查；②新建保护区或保护小区，强化栖息地的保护和管理；③加大规范化的人工繁殖和放归，促进自然种群的复壮。

5.2.23　安徽瑶螈 *Yaotriton anhuiensis*

● 保护级别

国家二级重点保护野生动物

● **分类地位**

两栖纲 Amphibia 有尾目 Caudata 蝾螈科 Salamandridae

● **资源变动、濒危现状评价**

中国特有，资源少，栖息地质量下降，种群数量下降。

● **濒危等级**

《世界自然保护联盟（IUCN）濒危物种红色名录》：极危（CR）；《中国生物多样性红色名录：脊椎动物卷（2020）》：近危（NT）。

● **形态特征**

雄螈全长 119～146mm，雌螈全长 104～165mm。头部扁平，头长大于头宽；吻端平截，凸出于下唇；头侧脊棱显，自吻端经上眼睑向枕部弯曲；鼻孔靠近吻端；枕部"V"形脊棱比头侧脊棱低平，末端与背正中脊棱相连；舌近圆形，前后端与口腔底部相连，只在两侧有部分游离；犁骨齿呈"∧"形，自内鼻孔处分别向两侧延伸，其上有齿；颈褶明显；背脊棱粗糙，自颈部沿背中线延伸至尾基部，中间较厚，前端后端较窄。四肢细长，前、后肢贴体相对时趾指末端能重叠；指式：3＞2＞4＞1；趾式：3＞4＞2＞5＞1；指、趾无缘膜和角质鞘。尾侧扁，尾末端钝，背鳍褶厚而高，起始于尾基部；腹鳍褶厚而窄，起始于泄殖腔后缘。雄螈肛孔纵长，内壁有小乳突；雌螈肛孔较短，内壁无乳突。皮肤极粗糙，周身布满疣粒和瘰粒，仅唇缘、四肢末端和尾腹缘皮肤较光滑；体侧瘰粒较大，紧密排列，在肩部和尾基部间形成两条纵列；腹面的疣粒较为扁平。通体黑色或黑褐色，腹部颜色略浅，仅趾指末端、泄殖腔皮肤和尾下缘皮肤为橘红色；尾下缘和泄殖腔皮肤的橘红色几相连。

● **习性与生活史**

安徽瑶螈生活于海拔 1000～1200m 的山区，其环境主要为地面有较厚的枯枝落叶层的竹林。其生境以亚热带山地森林为特征。成螈在非繁殖季节主要以陆栖为主，繁殖季节在附近的池塘中、湿润的石块上、石头间的湿润泥土、腐烂的湿玉米秸秆堆和稻田的土壤中被发现。白天很少活动，夜间活跃觅食，特别是在暴风雨前。以蠕虫、苍蝇、蜘蛛和其他昆虫及其幼虫为食。

● 地理分布

安徽（岳西、大别山区南部）。

● 保护措施与建议

①加强自然种群的调查；②新建保护区或保护小区，强化栖息地的保护和管理；③加大规范化的人工繁殖和放归，促进自然种群的复壮。

5.2.24　宽脊瑶螈 *Yaotriton broadoridgus*

● 保护级别

国家二级重点保护野生动物

● 分类地位

两栖纲 Amphibia 有尾目 Caudata 蝾螈科 Salamandridae

● 资源变动、濒危现状评价

中国特有，分布狭窄，种群数量稀少，受旅游开发影响大。

● 濒危等级

《中国生物多样性红色名录：脊椎动物卷（2020）》：近危（NT）。

● 形态特征

雄螈全长 110～140mm，雌螈全长 138～163mm；体型修长。头部扁平，头骨宽约为长的 1.07 倍；吻端平截；头侧脊棱甚显著，耳后腺后部向内弯曲；鼻孔近吻端；无唇褶和囟门；枕部有"V"形脊棱；上、下颌具细齿；犁骨齿呈"∧"形；颈褶明显。躯干圆柱状或略扁；无肋沟；背正中脊棱较宽，其宽度等于眼径的长度。四肢较细；指式：3＞2＞4＞1；趾式：3＞4＞2＞5＞1；无指、趾缘膜；无指、趾角质鞘。尾肌弱而侧扁，尾末端钝尖；背鳍褶较高而薄，起始于尾基部；腹鳍褶窄而厚。雄螈肛孔纵长，内壁有小乳突或无；雌螈肛部呈丘状隆起，肛孔较短，略呈圆形。体尾背面为黑褐色，体腹面及肛部周围浅黑褐色，仅指、趾和掌突、跖突及尾部下缘为橘红色或橘黄色。皮肤粗糙，周身满布大小较为一致的疣粒；瘰粒彼此分界不清，几乎形成纵带；体腹面疣粒显著，不呈横缢纹状。

• 习性与生活史

宽脊瑶螈生活于海拔 1000～1600m 林木较为繁茂的山区，成螈以陆栖为主。繁殖季节，成螈到竹林内的静水塘边繁殖，卵群隐蔽在陆地枯叶下；一般雄螈先进入繁殖场，雌性略后。雌性产卵后即离开繁殖场进入森林内生活，雄性稍迟离开，繁殖场附近 7 月底仍可见到少数雄螈。11 月进入冬眠。

• 地理分布

湖北（五峰）、湖南（桑植、浏阳）。

• 保护措施与建议

①加强自然种群的调查；②新建保护区或保护小区，强化栖息地的保护和管理；③加大规范化的人工繁殖和放归，促进自然种群的复壮。

5.2.25 大别瑶螈 *Yaotriton dabienicus*

• 保护级别

国家二级重点保护野生动物

• 分类地位

两栖纲 Amphibia 有尾目 Caudata 蝾螈科 Salamandridae

• 资源变动、濒危现状评价

中国特有，分布狭窄，种群数量稀少，栖息地质量下降。

● 濒危等级

《世界自然保护联盟（IUCN）濒危物种红色名录》：濒危（EN）；《中国生物多样性红色名录：脊椎动物卷（2020）》：濒危（EN）；《濒危野生动植物种国际贸易公约》（CITES）：附录Ⅱ。

● 形态特征

雌螈全长 134.9～155.5mm，头体长 72.6～82.4mm。头扁平，头长远大于头宽；吻端平切近方形；头侧脊棱甚显著，耳后腺后部向内弯曲；鼻孔近吻端；无唇褶和囟门；枕部有一"V"形脊棱，与背正中脊棱连续至尾基部；上、下颌具细齿；舌近圆形，前后端与口腔底部相连；犁骨齿呈"∧"形；颈褶明显。躯干圆柱状或略扁；无肋沟；背脊棱明显。四肢短，后肢略长于前肢；前肢贴体向前指末端达眼前角；指式：3＞2＞4＞1；趾式：3＞4＞2＞5＞1；无指、趾缘膜；无指、趾角质鞘；掌突 2 呈圆形；外跖突小而圆。尾长短于头体长，尾侧扁，尾末端钝尖；尾背鳍褶窄，略呈弧形隆起，尾腹鳍褶平而厚。雌性泄殖孔部略隆起，泄殖腔长裂形，内壁无乳突。生活时体背面黑色，腹面色稍浅，指趾腹面、指趾端背面、掌跖突、泄殖腔周缘、尾下缘橘红色。皮肤极粗糙，除唇缘、指趾端、尾下缘外，周身布满疣粒与瘰粒；体背两侧瘰粒显著，自肩后至尾基部连续排列、界线不清，近尾部至尾基部瘰粒的界线隐约可辨，呈脊棱状凸起；背部、体侧的瘰粒大于颈部、四肢，腹部瘰粒小而平，咽部为细小痣粒。卵单生，乳黄色，聚集成群，卵径 2.19mm 左右，外包以卵鞘膜，直径 6.154mm 左右。

● 习性与生活史

大别瑶螈生活于海拔 698～767m 的山区，常隐蔽于溪流岸边的石块间，栖息环境阴湿、水源丰富、植被茂盛，地面腐殖质丰厚，多枯枝腐叶和沙石。成螈以陆栖为主，繁殖期到水塘边陆地上产卵。在室温 23～28℃ 的条件下，经过 6～8 天幼体孵出。出膜幼体有外鳃 3 对，前肢芽具 3 指，后肢芽初现，无平衡肢，全长 16.5～18.0mm。

● 地理分布

河南（商城）、安徽（岳西）、湖北（黄梅）。

● 保护措施与建议

①加强自然种群的调查；②新建保护区或保护小区，强化栖息地的保护和管理；③加大规范化的人工繁殖和放归，促进自然种群的复壮。

5.2.26 浏阳瑶螈 *Yaotriton liuyangensis*

● 保护级别

国家二级重点保护野生动物

● 分类地位

两栖纲 Amphibia 有尾目 Caudata 蝾螈科 Salamandridae

● 资源变动、濒危现状评价

中国特有，资源少，栖息地质量下降。

● 濒危等级

《世界自然保护联盟（IUCN）濒危物种红色名录》：濒危（EN）；《中国生物多样性红色名录：脊椎动物卷（2020）》：数据缺乏（DD）；《濒危野生动植物种国际贸易公约》（CITES）：附录Ⅱ。

● 形态特征

雄螈全长 110.1～146.5mm，雌螈全长 138.6～154.2mm。头扁平，顶部有凹陷，头长约等于头宽；吻短窄而平截；头两侧有明显的骨质脊棱；鼻孔位于近吻端两侧；枕部"V"形脊棱不明显；唇褶光滑，不显；上、下颌具细齿；犁骨齿呈"∧"形。尾侧扁，尾基部较厚，向后逐渐侧扁；尾鳍褶不发达。雄螈泄殖腔部呈丘状隆起较低且宽，肛孔纵裂较长，内唇皱前端有一锥状小乳突；雌螈肛部呈丘状隆起，肛裂短或略呈圆形，内壁无乳突。

● 习性与生活史

浏阳瑶螈生活于海拔 1380m 左右的山区沼泽地附近，成体主要为陆栖，5～6 月在沼泽中繁殖。

● 地理分布

湖南（浏阳）。

● 保护措施与建议

湖南大围山省级自然保护区内有分布。

5.2.27 莽山瑶螈 *Yaotriton lizhengchangi*

● 保护级别

国家二级重点保护野生动物

● 分类地位

两栖纲 Amphibia 有尾目 Caudata 蝾螈科 Salamandridae

● 资源变动、濒危现状评价

分布地狭窄，资源量少。

● 濒危等级

《世界自然保护联盟（IUCN）濒危物种红色名录》：极危（CR）；《中国生物多样性红色名录：脊椎动物卷（2020）》：易危（VU）。

● 形态特征

雄螈全长 145.6～173.0mm，雌螈全长 150.0～156.5mm；体型颀长。头部扁平，顶部有凹陷，头长大于头宽；吻端钝或略平截，略凸出于下唇；头两侧有明显的骨质脊棱；吻端连接处略有凹陷；鼻孔位于近吻端两侧；无囟门；口角位于眼后角斜下方；犁骨齿呈"∧"形。雄螈躯干宽度均匀，雌螈后段比雄螈略宽；背脊棱明显。四肢粗短，后肢略短于前肢；前肢贴体向前最长指指端达到或超出吻端；指式：3＞2＞4＞1；趾式：3＞4＞2＞5＞1；无指、趾缘膜；无指、趾角质鞘；无掌、跖突。尾侧扁，其长大于头体长，尾基部较厚，向后逐渐侧扁，尾中段比前后段略高；尾鳍褶不发达，背鳍褶高，腹鳍褶窄薄。雄螈肛部呈丘状隆起较低且宽，肛孔纵裂较长，内壁有小乳突；雌螈肛部呈丘状隆起，肛裂短或略呈圆形，内壁无乳突；雄性的耳后腺、指趾前段、肛部及尾下缘呈橘红色，掌、跖部有橘红色斑点，其余部位黑色。皮肤较粗糙，满布细小瘰疣；两体侧各有一列瘰粒，12～15 枚，外展上翘，彼此相间或相连，从头后至尾前部渐低平；腹面较光滑，满布横缢纹。

幼体头宽厚，唇褶略显，肋沟隐约有 8 条左右。

● 习性与生活史

莽山瑶螈生活于海拔 952～1200m 的山区，栖息于喀斯特地区植被茂密的森林中。成螈白天隐于地洞（沟）内，夜间见于水坑、水井或溪流缓流中。捕食小型水生昆虫、虾和软体动物。繁殖期成体常聚集在缓流水、路边或沼泽地浸水坑岸边交配或产卵。繁殖季节在 5～6 月。

● 地理分布

湖南（宜章）。

● 保护措施与建议

湖南莽山国家级自然保护区内有分布。

5.2.28　文县瑶螈 *Yaotriton wenxianensis*

● 保护级别

国家二级重点保护野生动物

● 分类地位

两栖纲 Amphibia 有尾目 Caudata 蝾螈科 Salamandridae

● 资源变动、濒危现状评价

中国特有，资源少，人类活动导致栖息地质量下降，种群数量下降迅速。

● 濒危等级

《世界自然保护联盟（IUCN）濒危物种红色名录》：易危（VU）；《中国生物多样性红色名录：脊椎动物卷（2020）》：易危（VU）；《濒危野生动植物种国际贸易公约》

（CITES）：附录Ⅱ。

● 形态特征

雄螈全长 105～140mm，尾长为头体长的 81% 左右。头扁平，头宽大于头长；吻端平截；鼻孔近吻端；无唇褶和囟门；犁骨齿列呈"∧"形。躯干圆柱状或略扁。尾肌弱，尾侧扁；背鳍褶较高而薄，起始于尾基部；腹鳍褶窄而厚；尾末端钝尖。皮肤粗糙，周身具较均一疣粒；头侧脊棱甚显著，耳后腺后部向内弯曲，头顶部有一"V"形脊棱与背正中脊棱相连；体侧无肋沟，瘰粒分界不清，几乎成纵带；颈褶清楚；体腹面疣粒显著，不呈横缢纹状。四肢较细；指 4，趾 5。通体为黑褐色，仅指、趾和掌突、跖突及尾部下缘为橘红色或橘黄色。雄螈肛孔纵长，内壁有小乳突，有的为黑色。

● 习性与生活史

文县瑶螈生活于海拔约 940m 的温带或亚热带林木繁茂的山区，非繁殖季节以陆栖为主。繁殖季节为每年 5 月左右，在稻田、水井、蓄水池等静水生境交配和产卵。

● 地理分布

甘肃（文县）、四川（青川、旺苍、剑阁、平武）、重庆（云阳、万州、奉节）、贵州（大方、绥阳、雷山）。

● 保护措施与建议

①加强自然种群的调查；②新建保护区或保护小区，强化栖息地的保护和管理；③加大规范化的人工繁殖和放归，促进自然种群的复壮。

5.2.29 尾斑瘰螈 *Paramesotriton caudopunctatus*

● 保护级别

国家二级重点保护野生动物

● 分类地位

两栖纲 Amphibia 有尾目 Caudata 蝾螈科 Salamandridae

● 资源变动、濒危现状评价

中国特有，资源少，分布狭窄，捕捉压力导致种群数量下降剧烈。

● 濒危等级

《世界自然保护联盟（IUCN）濒危物种红色名录》：近危（NT）；《中国生物多样性红色名录：脊椎动物卷（2020）》：易危（VU）；《濒危野生动植物种国际贸易公约》（CITES）：附录Ⅱ。

● 形态特征

雄螈全长 122～146mm，雌螈全长 131～154mm，雄、雌螈尾长分别为头体长的 88% 和 91% 左右。头部略扁平，前窄后宽；吻长明显大于眼径；吻端平截；鼻孔位于吻两侧端；唇褶很发达；无囟门；犁骨齿列呈"∧"形。躯干圆柱状。尾基部粗壮，向后逐渐侧扁；尾鳍褶薄而平直，末端钝圆。皮肤较粗糙，头侧有腺质脊棱；无肋沟；背中央及两侧有 3 纵行密集瘰疣，其间满布痣粒；颈褶明显；腹中部皮肤较光滑。四肢适中，前、后肢贴体相对时，指、趾末端互达对方掌、跖部；掌突和跖突不显；指 4，趾 5，均具缘膜而宽扁，无蹼。头部、躯干和四肢背面的瘰疣部位呈土黄色，其余部位呈橄榄绿色，体背面有 3 条橘黄色或黄褐色纵带纹至尾部逐渐消失；尾下部色浅，散有黑斑点。雄螈尾中段和后段有紫红斑，体腹面有橘红色斑；肛部略隆起，肛孔纵长，内侧有指状乳突。

● 习性与生活史

尾斑瘰螈生活于海拔 800～1800m 的山溪及小河边回水凼。成螈营水栖生活，常栖息于溪底石上或岸边，多以水生昆虫及其幼虫、虾、蛙卵和蝌蚪等为食。每年 4～6 月繁殖，雌螈产卵 63～72 粒，卵单粒状，卵群成片黏附在石缝内。

● 地理分布

贵州、湖南、广西。

● 保护措施与建议

①加强自然种群的调查；②新建保护区或保护小区，强化栖息地的保护和管理；③加大规范化的人工繁殖和放归，促进自然种群的复壮。

5.2.30 中国瘰螈 *Paramesotriton chinensis*

● 保护级别

国家二级重点保护野生动物

● 分类地位

两栖纲 Amphibia 有尾目 Caudata 蝾螈科 Salamandridae

● 资源变动、濒危现状评价

中国特有，分布广，栖息地质量下降及捕捉压力导致种群数量下降剧烈。

● 濒危等级

《世界自然保护联盟（IUCN）濒危物种红色名录》：无危（LC）；《中国生物多样性红色名录：脊椎动物卷（2020）》：近危（NT）；《濒危野生动植物种国际贸易公约》（CITES）：附录Ⅱ。

● 形态特征

雄螈全长 126～141mm，雌螈全长 133～151mm，雄、雌螈尾长分别为头体长的 85% 和 97% 左右。头部扁平，头长大于头宽；吻长与眼径几相等；吻端平截；鼻孔位于吻端两侧；唇褶较明显；无囟门；犁骨齿列呈"∧"形。躯干圆柱状。尾基较粗向后侧扁，末端钝圆。头体背面满布大小瘰疣，头侧有腺质脊棱；枕部有"V"形脊棱与体背正中脊棱相连；体背侧无肋沟，疣大而密排成纵行；无颈褶；体腹面有横缢纹；尾后部无疣。四肢长，前、后肢贴体相对时，指、趾或掌、跖部相互重叠；掌突略显，跖突小；指 4，趾 5，均无缘膜略平扁，无蹼。全身褐黑色或黄褐色；其色斑有变异，有的个体背部脊棱和体侧疣粒棕红色，有的体侧和四肢上有黄色圆斑；体腹面橘黄色斑的深浅和形状不一；尾肌部位为浅紫色。雄螈肛部隆起，肛孔长，内壁有绒毛状乳突。

● 习性与生活史

中国瘰螈生活于海拔 200～1200m 丘陵山区的溪流中，溪内多有小石和泥沙。白天成螈隐蔽在水底石间或腐叶下，有时游到水面呼吸空气，阴雨天气常登陆在草丛中捕食昆虫、蚯蚓、螺类及其他小动物。冬眠期成体潜伏在深水石下。5～6 月繁殖，卵单粒黏附在水生植物茎叶上。幼体当年变态，全长 48mm 左右。

● 地理分布

安徽（歙县、休宁、九华山）、浙江、福建（武夷山）。

● 保护措施与建议

①加强自然种群的调查；②新建保护区或保护小区，强化栖息地的保护和管理；③加大规范化的人工繁殖和放归，促进自然种群的复壮。

5.2.31 富钟瘰螈 *Paramesotriton fuzhongensis*

● 保护级别

国家二级重点保护野生动物

● 分类地位

两栖纲 Amphibia 有尾目 Caudata 蝾螈科 Salamandridae

● 资源变动、濒危现状评价

资源少，分布狭窄，栖息地质量下降及捕捉压力导致种群数量下降剧烈。

● 濒危等级

《世界自然保护联盟（IUCN）濒危物种红色名录》：易危（VU）；《中国生物多样性红色名录：脊椎动物卷（2020）》：易危（VU）；《濒危野生动植物种国际贸易公约》（CITES）：附录Ⅱ。

● 形态特征

雄螈全长133.0～166.0mm，雌螈全长134.0～159.0mm；体型肥壮；尾略短于头体长。头部平扁，头长大于头宽；吻长明显大于眼径，吻端略凸出于下颌；鼻孔位于吻端外侧；头侧有腺质脊棱；口裂大，口后角超过眼后角；唇褶甚发达；有前颌囟；犁骨齿列呈"∧"形。

躯干浑圆而粗壮。尾基部粗壮，向后渐侧扁而薄，尾末段甚薄，末端钝圆。整个背面皮肤很粗糙，满布密集瘰疣，背部中央脊棱显；体背面两侧疣粒大，排列成纵行且延至尾的前半部；体两侧和尾上有横缢纹；咽喉部有颗粒疣，体腹面光滑。前、后肢长，前肢略短于后肢，后肢相对较粗壮；前肢前伸最长指末端达眼和鼻孔之间，前、后肢贴体相对时，掌、跖部彼此重叠；指4，趾5，较宽扁而无蹼，末端钝圆。体背面橄榄褐色或褐色，体侧黑褐色，腹面黑色有不规则橘红色小斑点，咽喉部橘红色斑较密集；尾部黑褐色或褐色，末段中部色浅；尾腹缘为橘红色。雄螈肛部隆起，肛孔纵长，内壁指状乳突多。

● 习性与生活史

富钟瘰螈生活于海拔 400～500m 的阔叶林山区溪流内。成螈多栖息于水流平缓处，常见于溪底石块下，有时在岸上活动。

● 地理分布

湖南（道县、江永）、广西（富川、钟山、八步）。

● 保护措施与建议

①加强自然种群的调查；②新建保护区或保护小区，强化栖息地的保护和管理。

5.2.32 龙里瘰螈 *Paramesotriton longliensis*

● 保护级别

国家二级重点保护野生动物

● 分类地位

两栖纲 Amphibia 有尾目 Caudata 蝾螈科 Salamandridae

●资源变动、濒危现状评价

中国特有,分布狭窄,种群数量少,栖息地质量下降。

●濒危等级

《世界自然保护联盟(IUCN)濒危物种红色名录》:易危(VU);《中国生物多样性红色名录:脊椎动物卷(2020)》:濒危(EN)。

●形态特征

雄螈全长102～131mm,雌螈全长105～140mm,雄、雌螈尾长分别为头体长的70%和80%左右。头部略扁平,前窄后宽,头长明显大于头宽;吻端平截,凸出于下唇;鼻孔位于吻端两外侧;唇褶甚明显;无囟门;犁骨齿列呈"∧"形;成体头部后端两侧各有一个大的凸起。躯干圆柱状或略扁。尾基部圆柱状,向后逐渐侧扁,尾的背、腹鳍褶较薄而平直,尾末端钝尖。皮肤较粗糙,满布疣粒和痣粒;体背脊棱隆起很高,体两侧疣粒较大而密,无肋沟,躯干及尾上多有横沟纹;无颈褶;体腹面疣较少,有的个体腹侧疣粒呈簇状。前、后肢几乎等长,后肢相对较粗壮;前、后肢贴体相对时,指、趾彼此重叠;指4,趾5,两侧无缘膜,基部无蹼,末端有黑色角质层。体尾淡黑褐色,体背两侧疣有黄色纵带纹或无;头体腹面有不规则的橘红色或橘黄色斑;尾下橘红色约在尾后部逐渐消失。雄螈尾后部有浅紫色纵带,肛部隆起大,肛孔内壁有指状乳突;雌螈肛部隆起小而高,无指状乳突。

●习性与生活史

龙里瘰螈生活于海拔1100～1200m山区水流平缓的水凼或泉水凼内。塘底有石块、泥沙和水草,白天成螈常隐伏其中,很少活动,偶尔浮游到水面呼吸空气。夜间外出觅食蚯蚓、蝌蚪、虾、鱼和螺类等小动物。繁殖季节为4月中旬至6月中旬,卵呈单粒状。

●地理分布

湖北(咸丰)、重庆(酉阳)、贵州(龙里)。

●保护措施与建议

①加强自然种群的调查;②新建保护区或保护小区,强化栖息地的保护和管理;③加大规范化的人工繁殖和放归,促进自然种群的复壮。

5.2.33 七溪岭瘰螈 *Paramesotriton qixilingensis*

●保护级别

国家二级重点保护野生动物

● 分类地位

两栖纲 Amphibia 有尾目 Caudata 蝾螈科 Salamandridae

● 资源变动、濒危现状评价

中国特有，分布狭窄，种群数量稀少。

● 濒危等级

《世界自然保护联盟（IUCN）濒危物种红色名录》：易危（VU）；《中国生物多样性红色名录：脊椎动物卷（2020）》：易危（VU）。

● 形态特征

雄螈全长 139.86～140.76mm，雌螈全长 138.90～155.10mm。雄性繁殖季节尾部具有一灰白色条带，雄性肛部隆起，肛孔长，内壁有绒毛状乳突；雌性肛部微隆起，较平坦，肛孔短，具有斜纹皱褶及少数乳突。

● 习性与生活史

成螈生活于深山较为宽阔、平缓的小溪中，溪水清澈见底，山区覆盖阔叶林，小溪边多为灌木林。小溪 3～5m 宽，陡势较缓，溪水流动缓慢，温度较低，溪底覆盖小沙粒或小石粒。溪中鱼、虾、螺类等无脊椎动物较为丰富。成螈白天可见于溪底。繁殖季节可能为 7～9 月。

● 地理分布

江西吉安市永新县。

● 保护措施与建议

①加强自然种群的调查；②新建保护区或保护小区，强化栖息地的保护和管理。

5.2.34 武陵瘰螈 *Paramesotriton wulingensis*

● 保护级别

国家二级重点保护野生动物

● 分类地位

两栖纲 Amphibia 有尾目 Caudata 蝾螈科 Salamandridae

● 资源变动、濒危现状评价

中国特有，分布狭窄，种群数量稀少。

● 濒危等级

《世界自然保护联盟（IUCN）濒危物种红色名录》：无危（LC）；《中国生物多样性红色名录：脊椎动物卷（2020）》：近危（NT）。

● 形态特征

雄螈全长 124～139mm，雌螈全长 113～137mm。体背脊棱隆起；体背到尾部和四肢背面均散有大小不一的痣粒。生活时，体背面呈淡黑褐色，体背脊两侧痣粒呈橘色或黑褐色；咽喉部和身体腹面黑色并缀以不规则的橘红色或橘黄色的点状斑或条形斑；腹中线有一橘黄色纵带；前、后肢基部均有橘红色圆形斑点；睾丸豆形，每侧 2 叶。雄螈泄殖腔隆起部位大而矮，肛裂为一纵缝，长 6～7mm，其内侧有指状乳突；雌螈泄殖腔隆起小而高，肛裂小，椭圆形，内呈圆锥状，其内侧无指状乳突。皮肤较粗糙。

● 习性与生活史

武陵瘰螈生活于海拔 800～1200m 的低山阔叶林小型溪流水流平缓的回水塘或溪边净水域中。白天常隐伏在溪底，有时摆动尾部游泳至水面呼吸空气。通常在夜间活动觅食，觅食时多静伏于水底，当水生昆虫及其他小动物经过嘴边时，即迅速张口咬住而后慢慢吞下。

- **地理分布**

重庆（酉阳）、贵州（江口）。

- **保护措施与建议**

①加强自然种群的调查；②新建保护区或保护小区，强化栖息地的保护和管理；③加大规范化的人工繁殖和放归，促进自然种群的复壮。

5.2.35 织金瘰螈 *Paramesotriton zhijinensis*

- **保护级别**

国家二级重点保护野生动物

- **分类地位**

两栖纲 Amphibia 有尾目 Caudata 蝾螈科 Salamandridae

- **资源变动、濒危现状评价**

中国特有，分布狭窄，种群数量少，栖息地质量下降。

- **濒危等级**

《世界自然保护联盟（IUCN）濒危物种红色名录》：濒危（EN）；《中国生物多样性红色名录：脊椎动物卷（2020）》：濒危（EN）。

- **形态特征**

头部略扁平，前窄后宽，头长明显大于头宽；吻长大于眼径，吻端平切，凸出于下唇，吻棱明显；鼻孔位于吻两侧前端；口裂不达眼眶后缘，上唇褶很发达而明显；上、下颌具细齿，犁骨齿列呈"∧"形，齿列的前缘在两个内鼻孔之间会合；舌呈椭圆形，除左、右两侧游离外，均与口腔底部粘连。头部后端两侧各有 3 条退化的鳃迹。该螈白天常隐伏在溪底石下、腐叶堆或溪边草丛中，很少活动，有时在水中以摆动尾部的方式游泳至水面呼吸空气，游动时四肢贴体，以尾摆动而缓慢前进；常在夜间外出活动觅食，觅食时常静伏于水底，当水生昆虫及其他小动物经过嘴边时，即迅速张口咬住而后慢慢吞下；主食蚯蚓、蝌蚪、虾、小鱼和螺类等动物。在室内饲养时，投喂蚯蚓和水丝蚓，取食正常，生长良好。

● 习性与生活史

织金瘰螈生活于海拔 1300～1400m 水流平缓的山溪或有地下水流出的水塘中，水质清澈，基质多为石块、泥沙和水草。繁殖季节为 4～6 月。

● 地理分布

贵州（织金）。

● 保护措施与建议

①加强自然种群的调查；②新建保护区或保护小区，强化栖息地的保护和管理；③加大规范化的人工繁殖和放归，促进自然种群的复壮。

5.2.36 虎纹蛙 *Hoplobatrachus tigerinus*

● 保护级别

国家二级重点保护野生动物

● 分类地位

两栖纲 Amphibia 无尾目 Anura 叉舌蛙科 Dicroglossidae

● 资源变动、濒危现状评价

栖息地的生态环境质量下降和过度捕捉，导致其种群数量减少。

● 濒危等级

《世界自然保护联盟（IUCN）濒危物种红色名录》：无危（LC）；《中国生物多样性红色名录：脊椎动物卷（2020）》：濒危（EN）；《濒危野生动植物种国际贸易公约》（CITES）：附录Ⅱ。

● 形态特征

体大，体长雄性 8cm、雌性 10cm 左右。吻端钝尖，下颌前缘有两个齿状骨突。背面皮肤粗糙，背面有长短不一，并且断续排列成纵行的肤棱。头侧、手、足背面和体腹面光滑。指趾末端钝尖，趾间全蹼。背面黄色或灰棕色，散有不规则的深色花斑。四肢横纹明显；体和四肢腹面肉色，咽、胸部有棕色斑，胸后和腹部略带浅蓝色，有斑或无斑。雄性第一指上灰色婚垫发达；有一对咽侧外声囊。卵径 1.8mm；动物极深棕色，植物极乳白色。第 30～32 期蝌蚪全长 45mm，头体长 15mm 左右，尾长约为头体长的 199%；背面绿褐色杂有黑色小点，上尾鳍有斑点；体较宽扁，尾肌发达，尾鳍较高或平直，尾末端钝尖；唇齿式为Ⅱ:2+2/3+3:Ⅱ或Ⅱ:3+3/4+4:Ⅱ；每行唇齿由 2 列小齿组成；口周围有波浪状的唇乳突；上、下角质颌成凹凸状。

● 习性与生活史

虎纹蛙生活于海拔 20～1120m 的山区、平原、丘陵地带的稻田、鱼塘、水坑和沟渠内。白天隐匿于水域岸边的洞穴内，夜间外出活动，跳跃能力很强。成蛙捕食各种昆虫，也捕食蝌蚪、小蛙及小鱼等。雄性鸣声如犬吠。繁殖季节为 3～8 月，雌性产卵每年 2 次以上。卵单粒至数十粒粘连成片，漂浮于水面。蝌蚪栖息于水塘底部。

● 地理分布

国内分布于河南、陕西、安徽、江苏、上海、浙江、江西、湖南、福建、台湾、四川、云南、贵州、湖北、广东、香港、澳门、海南、广西。国外分布于老挝、马来西亚、泰国、缅甸、越南、柬埔寨。

● 保护措施与建议

被多个自然保护区覆盖，如江西安义㟤岭省级自然保护区、贵州从江岜沙县级森林生态自然保护区等将其作为重要保护对象。

5.2.37 叶氏肛刺蛙 *Yerana yei*

● 保护级别

国家二级重点保护野生动物

● 分类地位

两栖纲 Amphibia 无尾目 Anura 叉舌蛙科 Dicroglossidae

● 资源变动、濒危现状评价

旅游开发，栖息地质量下降，导致种群数量下降。

● 濒危等级

《世界自然保护联盟（IUCN）濒危物种红色名录》：易危（VU）；《中国生物多样性红色名录：脊椎动物卷（2020）》：易危（VU）。

● 形态特征

雄蛙具有单咽下内声囊；声囊孔圆形。皮肤粗糙，整个背面满布疣粒，背部者较大；雄蛙肛部皮肤明显隆起，肛孔周围刺疣密集；肛孔下方有两个大的圆形隆起，其上有黑刺，圆形隆起与肛部下壁之间有一囊泡状凸起；雌蛙肛部囊状凸起较小；雌雄蛙体腹面均光滑。背面颜色有变异，多为黄绿色或褐色；两眼间有一小白点。四肢腹面橘黄色，有褐色斑；咽喉部多有灰褐色斑，体腹面斑纹不显或有碎斑。

● 习性与生活史

叶氏肛刺蛙生活于海拔 320～560m 林木繁茂的山区。成蛙栖息于水流较急的溪流内及其附近，白天多隐居于石缝内或大石块下，夜晚上岸觅食，食物以昆虫为主；卵群产于石下；10 月下旬在溪内岩洞内冬眠，蛰眠期约 6 个月。蝌蚪多栖息于水凼内石下。繁殖季节一般在 5～8 月。蝌蚪唇齿式多为 Ⅰ：6+6/1+1：Ⅱ。

● 地理分布

河南（商城）、安徽（霍山、潜山、金寨、岳西）。

● 保护措施与建议

在多个自然保护区内有分布。

5.2.38 务川臭蛙 *Odorrana wuchuanensis*

● 保护级别

国家二级重点保护野生动物

● 分类地位

两栖纲 Amphibia 无尾目 Anura 蛙科 Ranidae

● 资源变动、濒危现状评价

中国特有，分布区甚窄，种群数量极少。

● 濒危等级

《世界自然保护联盟（IUCN）濒危物种红色名录》：易危（VU）；《中国生物多样性红色名录：脊椎动物卷（2020）》：易危（VU）。

● 形态特征

雄蛙体长 71～77mm，雌蛙体长 76～90mm。头顶扁平，头长大于头宽；吻端钝圆，略凸出于下唇；鼓膜大，约为眼径的4/5；犁骨齿强，呈2斜列。头体背面皮肤光滑或较粗糙，有较大疣粒；无背侧褶，但该部位皮肤厚似褶状；后背部、体侧及股、胫部背面有扁平疣粒；腹面皮肤光滑。前臂及手长约为体长之半，指、趾具吸盘，除第一指外均有腹侧沟；后肢较长，前伸贴体时胫跗关节达鼻孔，左右跟部重叠，胫长超过体长之半，无跗褶，趾间蹼缺刻深，蹼缘凹陷仅达第四趾第二关节下瘤。背面绿色，疣粒周围有黑斑，两眼间有一小白点。四肢有深浅相间的多条横纹，股后有碎斑；腹面满布深灰色和黄色相间的网状斑块。雄性第一指婚垫淡橘黄色；无声囊；无雄性线。

习性与生活史 务川臭蛙生活于海拔 700m 左右山区的溶洞内。洞内有阴河流出，水流缓慢。成蛙栖息于距洞口 30m 左右的水塘周围的岩壁上，洞内接近全黑。该蛙受惊扰后即跳入水中，并游到深水石下。繁殖季节可能在 5～8 月，6～8 月可见到蝌蚪，解剖 7 月

6 日的雌蛙（体长 86.0mm），腹内有卵 348 粒。

● 地理分布

贵州（务川、荔波）、广西、湖北、重庆。

● 保护措施与建议

在多个自然保护区内有分布。

5.3 爬行动物

5.3.1 鼋 *Pelochelys cantorii*

● 保护级别

国家一级重点保护野生动物

● 分类地位

爬行纲 Reptilia 龟鳖目 Testudines 鳖科 Trionychidae

● 资源变动、濒危现状评价

因人为捕捉和国际贸易的影响，自然野生种群量稀少。

● 濒危等级

《世界自然保护联盟（IUCN）濒危物种红色名录》：极危（CR）；《中国生物多样性红色名录：脊椎动物卷（2020）》：极危（CR）；《濒危野生动植物种国际贸易公约》（CITES）：附录Ⅱ。

● 形态特征

鳖科动物中最大的一种。背盘宽圆形，长50～80cm，灰黑色并略带橄榄绿色，有小的暗色斑点。柔软的革制皮肤，无盾片。腹面黄白色。头背较平宽，吻圆，吻突极短，鼻孔位于吻端。四肢形扁，蹼发达，有3爪。雄性尾长。鼋与中华鳖区别为：中华鳖体小，长10～25cm，头前端瘦削，吻长。背盘中央有脊棱，盘面有小瘰粒组成的纵棱，每侧7～10条。

● 习性与生活史

鼋栖息于缓流的河流、湖泊中，善于钻泥沙。以水生动物为食。

● 地理分布

国内分布于浙江、云南、福建、广东、广西、海南，据历史记载安徽和江苏有分布。国外分布于缅甸、泰国、老挝、印度、马来西亚、印度尼西亚、菲律宾、新加坡、巴布亚新几内亚。

● 利用情况

主要用于食用或宠物观赏，有养殖性繁育。

● 保护措施与建议

①加强自然种群的调查；②新建保护区，强化栖息地的保护和管理；③加大人工繁殖个体的放归力度，促进自然种群的复壮。

5.3.2 斑鳖 *Rafetus swinhoei*

● 保护级别

国家一级重点保护野生动物

● **分类地位**

爬行纲 Reptilia 龟鳖目 Testudines 鳖科 Trionychidae

● **资源变动、濒危现状评价**

因人为捕捉和国际贸易的影响，栖息地质量下降，自然野生种群量急剧下降，种群数量极少，2019 年国内唯一一只雌性斑鳖在人工授精过程中死亡。2023 年 4 月，越南东莫湖中另外一只雌性斑鳖死亡。目前世界范围内的野生斑鳖仅存 2 只，均在越南，其中东莫湖中 1 只（不确定是否存在），宣汉湖中 1 只。另有 1 只暮年雄性斑鳖被圈养于中国苏州动物园。以上 3 只皆为雄性，雌性斑鳖全部死亡。

● **濒危等级**

《世界自然保护联盟（IUCN）濒危物种红色名录》：极危（CR）；《中国生物多样性红色名录：脊椎动物卷（2020）》：极危（CR）；《濒危野生动植物种国际贸易公约》（CITES）：附录Ⅰ。

● **形态特征**

斑鳖背盘呈长椭圆形。背部平扁而略微隆起，表面光滑并带有光泽，暗橄榄绿色。头背、头侧及体背布满黄色斑点或斑纹，其中以背甲周缘的黄斑最大。上下颌缘有肉质吻突。腹部灰黄色，有 2 个不发达的胼胝体在舌腹板和下腹板联体上。

● **习性与生活史**

斑鳖为水栖鳖类，生活于大型湖泊和河流中。

● **地理分布**

国内曾分布于安徽、江苏、上海、浙江、云南。国外分布于越南。

● **保护措施与建议**

加强自然种群的调查，发现和寻找雌性个体。

5.3.3 扬子鳄 *Alligator sinensis*

● **保护级别**

国家一级重点保护野生动物

● **分类地位**

爬行纲 Reptilia 鳄目 Crocodilia 鼍科 Alligatoridae

● **资源变动、濒危现状评价**

种群数量极少，下降后趋势稳定。受到人为活动、栖息地退化、水污染的影响。

● **濒危等级**

《世界自然保护联盟（IUCN）濒危物种红色名录》：极危（CR）；《中国生物多样性红色名录：脊椎动物卷（2020）》：极危（CR）；《濒危野生动植物种国际贸易公约》（CITES）：附录Ⅰ。

● **形态特征**

扬子鳄为小型鳄类，体长一般可达 2m 左右，成体体重 40kg 左右。幼体黑色，带有黄色横斑。密西西比鳄幼体也如此，但横斑数更多。扬子鳄上眼睑有骨质板，且吻端略向上翘，牙齿咬合度也更好。腹面体鳞骨化。上颌齿数 36～38 枚，下颌齿数 36～38 枚，齿总数为 72～76 枚。

● **习性与生活史**

扬子鳄栖息于湖泊、水塘、江河溪流和沼泽地。每年有 4～5 个月冬眠期。4～10 月为活动期，夜间活动较活跃。以水生动物蜗牛、蚌类和鱼类为食，也会捕食老鼠、鸭子等。扬子鳄生长较慢，野生雌性 10 岁左右性成熟。夏季筑巢繁殖，6 月底至 7 月中旬产卵，每次产卵 10～50 枚，饲养鳄每窝产卵数较多。孵化期 54～60 天。

● **地理分布**

中国特有，分布于我国安徽南部、浙江长兴等局部地区。绝大部分野生个体分布于安徽扬子鳄国家级自然保护区。

● **保护措施与建议**

①加强种群遗传资源的保护和管理；②促进湿地生态环境的恢复；③加大放归力度，促进自然种群的复壮。

5.3.4　平胸龟 *Platysternon megacephalum*

● 保护级别

国家二级重点保护野生动物（仅限野外种群）

● 分类地位

爬行纲 Reptilia 龟鳖目 Testudines 平胸龟科 Platysternidae

● 资源变动、濒危现状评价

因人为捕捉和国际贸易的影响，自然野生种群量稀少。

● 濒危等级

《世界自然保护联盟（IUCN）濒危物种红色名录》：极危（CR）；《中国生物多样性红色名录：脊椎动物卷（2020）》：极危（CR）；《濒危野生动植物种国际贸易公约》（CITES）：附录Ⅰ。

● 形态特征

甲壳扁平，头大而不能缩入壳内。头背覆盖整块完整的盾片。上下颌弯曲，呈现强烈的鸟喙状，似鹰嘴。背甲近似长椭圆形，前缘中部向后凹陷。尾长可达腹甲长的 2/3，甚至超过腹甲长，覆有矩形鳞片，环绕尾纵轴排列。指、趾具锐利的长爪，指（趾）间具蹼。

● 习性与生活史

平胸龟为水生，栖息于海拔 200～2000m 多石的山溪。肉食性，以鱼类、螺类、虾、蠕虫、蚯蚓、蛙类等为食。5～7 月产卵，窝卵数 4～8 枚。

● 地理分布

国内分布于安徽、江苏、浙江、江西、湖南、重庆、贵州、云南、福建、广东、广西、海南、香港、湖北等地。国外分布于老挝、越南北部、泰国北部、缅甸南部、柬埔寨。

● 利用情况

主要用于食用或宠物观赏，有一定数量的人工养殖。

● 保护措施与建议

①加强自然种群的调查和监测；②强化栖息地的保护和管理；③加大规范化的人工繁殖和放归，促进自然种群的复壮。

5.3.5　乌龟 *Mauremys reevesii*

● 保护级别

国家二级重点保护野生动物（仅限野外种群）

● 分类地位

爬行纲 Reptilia 龟鳖目 Testudines 龟科 Emydidae

● 资源变动、濒危现状评价

因人为捕捉和国际贸易的影响，自然野生种群量稀少。

● 濒危等级

《世界自然保护联盟（IUCN）濒危物种红色名录》：濒危（EN）；《濒危野生动植物种国际贸易公约》（CITES）：附录Ⅲ；《中国生物多样性红色名录：脊椎动物卷（2020）》：濒危（EN）。

● **形态特征**

雄龟背甲长9～17cm，雌龟背甲长7～17cm。背甲呈长椭圆形，中部隆起，脊棱和侧棱明显，雌龟棕褐色，雄龟棕褐色或黑色。雌龟腹甲棕黄色，每一盾片有黑褐色大斑块，部分个体腹甲整体呈现黑色。头中等大，个别个体因食用螺类头偏大，吻端向内侧下斜切；喙缘的角质鞘较薄弱；下颌左右齿骨间的交角小于90°。头颈部呈橄榄色或黑褐色，头颈部侧面及咽喉部有黄色或黄白色不规则斑纹或条纹，成年雄龟斑纹不明显。四肢灰褐色或黑色无条纹，指（趾）间具蹼。

● **习性与生活史**

乌龟栖息于江河、湖沼、池塘。杂食性。4～7月产卵，窝卵数5～8枚。

● **地理分布**

国内分布于河北、天津、山东、河南、陕西、甘肃、安徽、江苏、浙江、江西、湖南、湖北、四川、重庆、贵州、云南、福建、台湾、广东、广西、香港等地。国外分布于日本、朝鲜、韩国等地。

● **利用情况**

主要用于食用或宠物观赏。有大规模的人工养殖，同时具有各种变异品系。

● **保护措施与建议**

①加强自然种群的调查；②新建保护区或保护小区，强化栖息地的保护和管理；③加大规范化的人工繁殖和放归，促进自然种群的复壮。

5.3.6 花龟 *Mauremys sinensis*

● **保护级别**

国家二级重点保护野生动物（仅限野外种群）

• 分类地位

爬行纲 Reptilia 龟鳖目 Testudines 地龟科 Geoemydidae

• 资源变动、濒危现状评价

因人为捕捉和国际贸易的影响，自然野生种群量稀少。

• 濒危等级

《世界自然保护联盟（IUCN）濒危物种红色名录》：极危（CR）；《濒危野生动植物种国际贸易公约》（CITES）：附录Ⅲ；《中国生物多样性红色名录：脊椎动物卷（2020）》：濒危（EN）。

形态特征 体型较大，背甲长 12～25cm，呈长椭圆形，中部隆起，脊棱明显，侧棱由肋盾凸起连接而成，呈断续状。背甲棕黑色或棕色，脊棱黄棕色或黄白色。腹甲黄白色或棕黄色，每一盾片有大块不规则暗色斑。头较小，头背皮肤光滑，栗色，头的侧面及喉部浅黄色，头两侧各约有 8 条黄色纵纹，自吻端经过眼延伸至颈基部。四肢背面栗色。四肢及尾部也布满黄色细线纹。

• 习性与生活史

花龟栖息于低海拔水域，如池塘、河流等地，喜群居。杂食性。2～6 月产卵，4 月为产卵高峰期，每年产卵 1～3 批，卵较大，长椭圆形，壳白色，厚且坚硬，窝卵数 10～20 枚。

• 地理分布

国内分布于江苏、浙江、江西、台湾、广东、广西、海南、上海、福建、香港等地。国外分布于越南。

• 利用情况

主要用于食用或宠物观赏，可用于培养绿毛龟。有大规模的人工养殖。

• 保护措施与建议

①加强自然种群的调查；②新建保护区或保护小区，强化栖息地的保护和管理；③加大规范化的人工繁殖和放归，促进自然种群的复壮。

5.3.7 黄喉拟水龟 *Mauremys mutica*

• 保护级别

国家二级重点保护野生动物（仅限野外种群）

• 分类地位

爬行纲 Reptilia 龟鳖目 Testudines 地龟科 Geoemydidae

● 资源变动、濒危现状评价

因人为捕捉和国际贸易的影响，自然野生种群量稀少。

● 濒危等级

《世界自然保护联盟（IUCN）濒危物种红色名录》：极危（CR）；《濒危野生动植物种国际贸易公约》（CITES）：附录Ⅱ；《中国生物多样性红色名录：脊椎动物卷（2020）》：濒危（EN）；《中国濒危动物红皮书》：濒危（EN）。

● 形态特征

成龟背甲长 11.8～13.8cm，扁平而呈长椭圆形，中部隆起，脊棱明显，侧棱较弱，棕黄色或深棕色，有 3 条纵纹。腹甲黄色，每一盾片有一大块扇形或近方形黑斑。头顶黄绿色或深棕色，咽部黄色，头侧自眼后沿鼓膜上、下各有 1 条黄色纵纹。四肢背面灰褐色或黑褐色。尾细短，尾侧有黄色纵纹。指（趾）间具蹼。

● 习性与生活史

黄喉拟水龟为水栖龟类，栖息于丘陵、半山间的盆地或者河谷区域的河流或池塘中，也常在灌木丛林及稻田中出现，多在傍晚和夜间活动。杂食性。5～9月产卵，窝卵数4～7枚。

● 地理分布

国内分布于安徽、江苏、浙江、湖南、湖北、云南、福建、台湾、广东、广西、海南、江西、香港等地。国外分布于日本、越南。

● 利用情况

主要用于食用或宠物观赏，可用于培养绿毛龟。有大规模的人工养殖。

● 保护措施与建议

①加强自然种群的调查；②新建保护区或保护小区，强化栖息地的保护和管理；③加大规范化的人工繁殖和放归，促进自然种群的复壮。

5.3.8 金头闭壳龟 *Cuora aurocapitata*

● 保护级别

国家二级重点保护野生动物（仅限野外种群）

● 分类地位

爬行纲 Reptilia 龟鳖目 Testudines 龟科 Emydidae

● 资源变动、濒危现状评价

种群数量极少，下降趋势剧烈。受到人为活动、栖息地退化、捕捉的影响严重。1998～2006 年的数次调查表明，金头闭壳龟野外生存的种群数量极少，可能不超过 300 只。

● 濒危等级

《世界自然保护联盟（IUCN）濒危物种红色名录》：极危（CR）；《濒危野生动植物种国际贸易公约》（CITES）：附录Ⅱ；《中国生物多样性红色名录：脊椎动物卷（2020）》：极危（CR）。

● 形态特征

雄龟背甲长 7.8～12.7cm，雌龟背甲长 10.9～15.2cm。背甲呈长椭圆形，中部隆起，顶部较平坦，脊棱显著，侧棱较弱，棕黑色或红褐色，甲片上生长环纹明显。腹甲黄色或黄红色，前叶有由 5 块大黑斑组成的梅花形，后叶有不规则黑斑纹。腹甲前后两叶以韧带连接，可向上活动与背甲闭合，头尾及四肢能全部缩入龟甲内。头部金黄色，眼后方具有两条黑色细线纹。四肢背面灰褐色，指（趾）间具蹼。

● 习性与生活史

金头闭壳龟栖息于丘陵地区的山沟或水质较清澈的池塘里，也见于距水源不远的竹林或灌木丛。以动物性食物为主，也食少量植物。6～8 月产卵，分两次产出，窝卵数 1～4 枚。

● **地理分布**

中国特有，分布于安徽、浙江、湖北、河南。

● **利用情况**

主要用于宠物观赏，有一定数量的人工养殖。

● **保护措施与建议**

①加强自然种群和栖息地的保护和管理；②加大人工繁殖个体的放归力度，促进自然种群的复壮。

5.3.9 潘氏闭壳龟 *Cuora pani*

● **保护级别**

国家二级重点保护野生动物（仅限野外种群）

● **分类地位**

爬行纲 Reptilia 龟鳖目 Testudines 龟科 Emydidae

● **资源变动、濒危现状评价**

种群数量极少，下降趋势剧烈。受到人为活动、栖息地退化、捕捉的影响严重。

● **濒危等级**

《世界自然保护联盟（IUCN）濒危物种红色名录》：极危（CR）；《濒危野生动植物种国际贸易公约》（CITES）：附录Ⅱ；《中国生物多样性红色名录：脊椎动物卷（2020）》：极危（CR）。

● 形态特征

雄龟背甲长 11～14cm，雌龟背甲长 11～19cm，背甲呈长椭圆形，较低平，脊棱显著，无侧棱，棕黄色或褐色，甲片上具生长环纹。腹甲黄色，沿盾沟有大块连续而规则的呈"羊"字形的黑斑，老年个体腹甲几乎全部呈黑色。腹甲前后两部分以韧带相连，能完全与背甲闭合。头部黄绿色，头侧可见约 3 条浅黑色细纵纹。四肢背面橄榄色或黄绿色，前肢 5 爪，后肢 4 爪，指（趾）间蹼发达。

● 习性与生活史

潘氏闭壳龟栖息于海拔 400m 左右的溪流、池塘、稻田。杂食性。以肉食性为主。6～8 月产卵，窝卵数 3～7 枚。

● 地理分布

中国特有，分布于陕西、湖北、四川、重庆、河南。

● 利用情况

主要用于宠物观赏，有一定数量的人工养殖。

● 保护措施与建议

①加强自然种群的调查；②新建保护区，强化栖息地的保护和管理；③加大人工繁殖个体的放归力度，促进自然种群的复壮。

5.3.10 黄缘闭壳龟 *Cuora flavomarginata*

● 保护级别

国家二级重点保护野生动物（仅限野外种群）

● 分类地位

爬行纲 Reptilia 龟鳖目 Testudines 龟科 Emydidae

• 资源变动、濒危现状评价

种群数量极少，下降趋势剧烈。受到人为活动、栖息地退化、捕捉和非法贸易的影响。

• 濒危等级

《世界自然保护联盟（IUCN）濒危物种红色名录》：濒危（EN）；《濒危野生动植物种国际贸易公约》（CITES）：附录Ⅱ；《中国生物多样性红色名录：脊椎动物卷（2020）》：极危（CR）。

• 形态特征

成龟背甲长约 13cm，呈长椭圆形，中部显著隆起，棕红色或棕黑色，脊棱明显呈棕亮黄色或淡黄色，侧棱不连续，甲片上生长环纹明显。腹甲黑色，无斑纹，前后两叶以韧带相连，可向上活动与背甲闭合，头尾及四肢可全部缩入龟甲内。头背橄榄绿色、黄绿色或金黄色，额顶两侧自眼后各有一亮黄色纵纹，左右条纹在头顶部相遇后几乎形成"U"形条纹。背甲侧缘、缘盾腹面及腹甲外缘均为黄色，尾短。四肢略扁，指（趾）间蹼小。

• 习性与生活史

黄缘闭壳龟栖息于森林边缘、湖泊、河流及有流水的溪谷附近的潮湿地带。夏季以夜间活动为主，杂食性。有冬眠习性。5～9 月产卵，每次产卵 2 枚，共产 4～8 枚。

• 地理分布

国内分布于安徽、江苏、浙江、湖南、湖北、云南、福建、台湾、广东、广西、海南、江西、香港等地。国外分布于日本、越南。

• 利用情况

主要用于宠物观赏，有极少量的人工养殖。

• 保护措施与建议

①加强自然种群和栖息地的保护和管理；②加大人工繁殖个体的放归力度，促进自然种群的复壮。

5.3.11 云南闭壳龟 *Cuora yunnanensis*

• 保护级别

国家二级重点保护野生动物（仅限野外种群）

● 分类地位

爬行纲 Reptilia 龟鳖目 Testudines 龟科 Emydidae

● 资源变动、濒危现状评价

种群数量极少，野外几乎绝迹。受到人为活动、栖息地退化、捕捉和非法贸易的影响。

● 濒危等级

《世界自然保护联盟（IUCN）濒危物种红色名录》：极危（CR）；《濒危野生动植物种国际贸易公约》（CITES）：附录Ⅱ；《中国生物多样性红色名录：脊椎动物卷（2020）》：极危（CR）。

● 形态特征

背甲长 14cm 左右，呈长椭圆形，中部隆起，有 3 条明显的脊棱，侧棱不明显，甲片上具生长环纹，老年个体背甲光滑。全身棕褐色或淡棕橄榄色。腹甲黄白色，靠近中线有大块暗斑，前缘圆，后缘凹入，前后两叶以韧带连接，前叶可向上活动，但不能完全与背甲闭合。头部棕橄榄色，两侧自吻端和眼后各有 3 条亮黄色细纵纹，其中上下各一条延伸至颈基部。四肢背面棕橄榄色，较扁，指（趾）间全蹼。

● 习性与生活史

云南闭壳龟栖息于海拔 1900～2260m 的高原山地。杂食性。4～5 月繁殖，窝卵数 4～8 枚。

● 地理分布

中国特有，分布于云南（东川）。

● 利用情况

主要用于宠物观赏，有极少量的人工养殖。

● 保护措施与建议

①加强自然种群的调查；②新建保护区，强化栖息地的保护和管理；③加大拯救性人工繁殖和放归，促进自然种群的复壮。

5.3.12　眼斑水龟 *Sacalia bealei*

● 保护级别

国家二级重点保护野生动物（仅限野外种群）

● 分类地位

爬行纲 Reptilia 龟鳖目 Testudines 龟科 Emydidae

● 资源变动、濒危现状评价

因人为捕捉和国际贸易的影响，自然野生种群量稀少。

● 濒危等级

《世界自然保护联盟（IUCN）濒危物种红色名录》：濒危（EN）；《濒危野生动植物种国际贸易公约》（CITES）：附录Ⅱ；《中国生物多样性红色名录：脊椎动物卷（2020）》：濒危（EN）。

● 形态特征

背甲长 10～16cm，呈长椭圆形，中部隆起明显，脊棱明显，无侧棱，黄棕色或棕褐色，具黑色放射状斑纹或虫蚀纹。雌龟腹甲黄白色，具有黑色大斑块；雄龟腹甲橘红色，具有黑色小斑点。头背皮肤平滑无鳞，雄龟头背部橄榄色，具密集虫蚀纹；雌龟头背部红棕色或黄棕色，具有密集黑色小斑点；头背后方两侧各有 1 对眼斑，前面眼斑较模糊，后面眼斑明显，眼斑黑点周围呈亮黄色（雌龟）或橄榄色（雄龟）环形斑。颈部有多条黄色（雌龟）或红色（雄龟）纵纹。四肢被棕灰色（雌龟）或棕红色（雄龟）鳞片，指（趾）间蹼发达。

● 习性与生活史

眼斑水龟为水栖龟类，栖息于山区水质清澈的溪流、沟渠中。杂食性。3～4 月交配频繁，4 月中旬至 7 月中旬产卵，每次产卵 1～3 枚。12 月至翌年 2 月在洞穴中冬眠。

● 地理分布

中国特有，分布于广东、福建、香港、安徽、江西、湖南、贵州等地。

● 利用情况

主要用于宠物观赏，有极少量的人工养殖。

● 保护措施与建议

①加强自然种群的调查；②新建保护区或保护小区，强化栖息地的保护和管理；③加大规范化的人工繁殖和放归，促进自然种群的复壮。

5.3.13 山瑞鳖 *Palea steindachneri*

● 保护级别

国家二级重点保护野生动物（仅限野外种群）

● 分类地位

爬行纲 Reptilia 龟鳖目 Testudines 鳖科 Trionychidae

● 资源变动、濒危现状评价

因人为捕捉和国际贸易的影响，自然野生种群量稀少。

● 濒危等级

《世界自然保护联盟（IUCN）濒危物种红色名录》：极危（CR）；《濒危野生动植物种国际贸易公约》（CITES）：附录Ⅱ；《中国生物多样性红色名录：脊椎动物卷（2020）》：濒危（EN）。

● 形态特征

背盘长可达 43cm，成体背面橄榄色，有时有黑斑，腹面色浅，有横贯腹甲的深色纹，其余部分有分散的麻斑。体大，通体被柔软革质皮肤。背盘前平后圆。头较大，吻凸出，形成吻突，鼻孔位于吻突端。头背皮肤光滑，颈基两侧各有一团大瘰粒，背甲前缘至少有一排明显的粗大瘰粒。腹甲平坦光滑。四肢较扁，有 3 爪，指（趾）间全蹼。尾短，雄性尾端超出裙边。幼体头背部有土黄色横斑。

● 习性与生活史

山瑞鳖栖息于淡水江河、山涧、溪流、湖泊中。以软体动物及鱼、虾为食。每年5～10 月产卵 1 次，每次产卵 3～18 枚。

● 地理分布

国内分布于贵州、云南、广东、广西、海南、香港等地。国外分布于越南。

● 利用情况

主要用于食用或宠物观赏展示，有规模化的养殖。

● 保护措施与建议

①加强自然种群的调查；②强化栖息地的保护和管理；③加大人工繁殖个体的放归力度，促进自然种群的复壮。

5.4　鱼　类

5.4.1　白鲟 *Psephurus gladius*

● 保护级别

国家一级重点保护野生动物

● 分类地位

硬骨鱼纲 Osteichthyes 鲟形目 Acipenseriformes 匙吻鲟科 Polyodontidae

● 资源变动、濒危现状评价

20 世纪 70 年代中期以前，长江全流域白鲟年捕捞量约为 25t，其中四川和重庆江段约占 5t（四川省长江水产资源调查组，1988）。渔民的浅滩插网作业对白鲟幼、成鱼的伤害也较为严重。虽然有人曾呼吁将白鲟作为禁捕对象，特别是加强对其幼鱼的保护工作，但一直没有受到足够重视。据宜宾、泸州和重庆渔政站的不完全统计，1982～2000 年近 20 年长江上游白鲟的总误捕数为 42 尾，其中 2000 年在宜宾屏山江段发现的一尾体重 30kg 的白鲟。2002 年春季，科研人员在宜宾地区组织当地渔民，进行了 50 天的专项捕捞调查，没有发现白鲟的踪迹。2003 年 1 月 24 日，宜宾南溪江段误捕白鲟 1 尾，全长 363cm，体重约 200kg，科研人员对其进行救护和声呐标志后，放回长江，并获得了放流后连续 50h 的跟踪数据。2006 年春季和冬季及 2007 年春季，科研人员赴长江上游（屏山—泸州）进行白鲟专项捕捞，在科考船只的支持和监护下，使用滚钩和流刺网，累计作业 90 天，但仍未发现白鲟。Zhang 等（2020a）通过历年白鲟的目击记录，运用推断物种灭绝的最优线性估计法（OLE）估算了白鲟的功能性灭绝时间为 1993 年，灭绝时间为 2005 年之后，不迟于 2010 年。

● 濒危等级

《世界自然保护联盟（IUCN）濒危物种红色名录》：灭绝（EX）。

● 形态特征

在匙吻鲟科鱼类中，白鲟的检索特征是背鳍 46～64、臀鳍 50～57、胸鳍 36～37、腹鳍 40～42。尾鳍背缘棘状鳞 8～10。第一鳃弓外侧鳃耙 42 或 43。体长为体高的 6.5～12.0 倍，为头长的 1.5～2.2 倍，为尾柄长的 10.0～20.0 倍，为尾柄高的 20.0～32.6 倍。头长为吻长的 1.3～1.5 倍，为眼间距的 6.2～8.8 倍，为眼后头长的 22～2.5 倍。尾柄长为尾柄高的 1.5～2.2 倍。身体各部分比例随个体大小不同变幅较大。

体延长，前躯略平扁，后部渐侧扁，尾柄短细，尾上翘。头极度延长，呈剑状，其长度占体全长的 1/3～1/2，基部宽厚。吻部尖长，两侧具柔软的皮膜。鼻孔小，位于眼前方，每侧 1 对。眼极小，圆形，侧上位。须 1 对，位于口前方。口下位，口裂大，弧形，两颌具尖细小齿。鳃孔大，鳃膜不与峡部相连，鳃膜呈三角形，后端向后延伸超过胸鳍起点。第一鳃弓外侧鳃耙较粗壮，排列紧密。

背鳍较高，后位，基部长，外缘稍内凹，其起点约在腹鳍基部末端的上方。胸鳍平展，短宽，紧位于鳃孔之后。腹鳍稍小。尾鳍歪型尾，后缘下部内凹；上叶长，末端尖；下叶短小，末端尖。肛门近臀鳍起点。

体表裸露光滑，仅在尾鳍上叶背缘有一纵行 6～9 棘状鳞。侧线完全，较平直。鳔大，1 室。肠管短，约为体长的 1/2，肠内具 7 或 8 个螺旋瓣。身体侧上部暗灰色或蓝灰色，腹侧及各鳍灰白色（张春光等，2019）。

● 习性与生活史

白鲟为河川洄游性鱼类，以淡水生活为主，分布在长江干支流和通江湖泊，幼鱼也抵达长江口。在长江上游，每年洪水期（6～8 月），白鲟洄游进入四川和重庆江段的各大支流（岷江、沱江、嘉陵江、乌江等）进行觅食，游程最远的离干流150km。9月以后，白鲟回到干流越冬。在长江中游有大型湖泊分布的地区，白鲟也进入支流索饵，或者进入湖泊索饵和越冬（四川省长江水产资源调查组，1988）。游泳迅速，性凶猛，肉食性鱼类，主要以鱼、虾、蟹等动物为食，消化道中也见有桡足类、端足类等。性成熟迟：雌鱼最小性成熟年龄为7～8龄、体重25～30kg；雄性成熟较雌性稍早，体重也相应小些。体重30～35kg的鱼怀卵量约20万粒。繁殖季节为3～4月，产卵场比较分散，主要分布在重庆以上的江段，在卵石底质河段产卵，产沉性卵，受精卵黏着在砾石上孵化，卵圆形，黑色，卵径约2.7mm（陈细华，2007）。

● 地理分布

白鲟主要分布在长江水系，包括长江干流和支流，沿长江上溯可达乌江、嘉陵江、渠江、沱江、岷江、金沙江等。历史上，海河、黄河、淮河、钱塘江和黄海、渤海、东海均有过捕捞记录（张春光等，2016）。

● 利用情况

白鲟为中国特有的大型濒危珍贵食用鱼类之一，特别在川江更是当地重要的大型野生经济鱼类之一，四川有"千斤腊子、万斤象"的民谚，前者指中华鲟，后者为白鲟，据记载，白鲟最大个体可达7m、体重达908kg。肉、卵均可食用，鳔和脊索可制胶（湖北省水生生物研究所鱼类研究室，1976）。

● 保护措施与建议

1983年，国家明令禁止长江鲟鱼类（包括白鲟）的商业性捕捞利用。

1989年，白鲟被列为国家一级重点保护野生动物。

1996年至今，长江三峡渔业资源与环境监测网建立，该网络研究人员每年会对白鲟等珍稀鱼类进行监测。

2000年4月，国务院批准建立了长江合江-雷波段珍稀鱼类国家级自然保护区，白鲟及其栖息地为主要保护对象之一。

2002年和2003年，江苏南京和四川宜宾先后误捕白鲟成体各1尾，在农业部渔业局的组织安排下，中国水产科学研究院长江水产研究所的危起伟研究员等带队对其进行了紧急救治并放流。

2005年4月经国务院办公厅（国办函〔2005〕29号）、2005年5月经国家环境保护总局（环函〔2005〕162号）批准，调整成立了长江上游珍稀特有鱼类国家级自然保护区，主要保护对象为白鲟、长江鲟和胭脂鱼等长江上游珍稀特有鱼类及其产卵场，进一步强化了对白鲟及其关键栖息地的保护。

2006～2013年，在农业部渔政局的安排和中国长江三峡集团有限公司等的支持下，由中国水产科学研究院长江水产研究所牵头，在长江上游原白鲟主要产卵场及其邻近江段开展了8次大规模的水声学探测-试验性捕捞调查，均未调查到白鲟活体。同时，项目支持开展了白鲟误捕应急救护网络建设，建立起渔民-渔政-科研人员的多方联动机制，还开展了精液冷冻保存、雌核发育技术储备等鱼类专业方面的工作，为今后白鲟的拯救工作创造了条件。

2014 年，中国水产科学研究院长江水产研究所濒危鱼类保护课题组引进国外先进的濒危鱼类保护技术，带领团队开展了鱼类借腹怀胎等方面的研究工作，为拯救白鲟等长江濒危鱼类做了进一步技术储备。

2017～2021 年，农业农村部支持各研究单位开展"长江渔业资源与环境调查"的专项工作，在长江全流域布置了 65 个调查站位，有 20 余家单位参加，在 5 年的野外调查工作中均未发现白鲟。

2019 年 9 月，世界自然保护联盟的鲟鱼专家组在上海召开物种状况评估会议。按照其评估标准，专家组认为白鲟已属灭绝等级，2022 年被世界自然保护联盟宣布灭绝。

● 白鲟灭绝原因分析

白鲟的灭绝原因主要有以下分析：白鲟个体大、性成熟晚（雌性 6 龄以上）；生活史跨越空间范围大，涵盖了从金沙江下游至长江入海口约 3000km 的江段；白鲟以鱼类为食，处于食物链的顶端，在长江自然水域中本身种群规模就相对较小；20 世纪 70 年代，白鲟作为一种经济鱼种被商业捕捞，导致其种群大幅度衰减。

另外，长江水文、水温和节律等河流环境条件的改变，对白鲟这种洄游性鱼类的性腺发育及与产卵有关的体征等也造成了一定程度的抑制。在过度捕捞、航运、水污染和鱼类资源下降等多重不利因素的影响下，白鲟的繁殖规模逐步减小，繁殖频次降低。当繁殖活动停止并且高龄个体逐步趋近生理寿命后，种群逐步走向灭绝是必然结果。

● 白鲟远去对未来的启示

全球共有 27 种鲟形目鱼类，绝大多数处于濒危状态。长江中共有 3 种鲟鱼，占全球的 1/9。除了白鲟可能已经消失之外，其他两种鲟鱼（中华鲟和长江鲟）的处境也不容乐观。中华鲟已连续 5 年（2017～2021 年）未发现其自然繁殖，其自然种群延续已面临严重困难。有研究认为，如果现状无法改变，中华鲟自然种群将在 10～20 年内灭绝。同时，长江鲟在 20 世纪末，其自然繁殖活动已停止，自然种群已无法自我维持，目前长江中偶见的长江鲟多为人工增殖放流的个体。当前，人工保种的长江鲟野生个体仅存约 20 尾已进入高龄，物种延续也面临严峻挑战，保护形势十分紧迫。白鲟的离去令人扼腕叹息，基于白鲟的历史教训，定期开展长江流域鱼类资源与环境调查非常有必要，以便及时跟踪了解鱼类种群的动态，进而采取有针对性的保护措施。现在，应进一步加强对 2017～2021 年"长江渔业资源与环境调查"期间未发现的约 130 种（约占有记载长江鱼类总种数的 30%）鱼类的调查工作，深入评估其种群状况并及时采取有效保护措施。最为紧迫的是，对于当前产卵活动已经停止（如中华鲟和长江鲟等）或关键栖息地受到严重影响的鱼类（如圆口铜鱼等），急需抓住物种自然种群灭绝的时间窗口，采取紧急抢救性的保护措施。

5.4.2　中华鲟 *Acipenser sinensis*

● 保护级别

国家一级重点保护野生动物

● 分类地位

硬骨鱼纲 Osteichthyes 鲟形目 Acipenseriformes 鲟科 Acipenseridae

● 资源变动、濒危现状评价

历史上，长江、珠江、闽江、钱塘江和黄河均有中华鲟的分布。目前，闽江、钱塘江和黄河水系、珠江水系的中华鲟已经绝迹，长江中华鲟野生种群数量稀少（汪松等，1998）。在长江，中华鲟曾是重要的渔业资源，但由于过度捕捞和环境污染等原因，已知的产卵场范围和面积不及原来的1%。1973～1980年，整个长江年捕捞量平均为517尾（77550kg），1983年开始停止商业捕捞，只用于科研或者人工繁殖的捕捞数量控制在100尾左右。与此同时，虽然中华鲟人工增殖放流已延续多年，但研究表明，人工增殖放流的中华鲟幼鲟对长江口中华鲟幼鲟的贡献率不高（常剑波，1999；危起伟，2003；危起伟等，2005；杨德国等，2007；张辉等，2007）。1981年至2012年，每年秋季都有中华鲟自然繁殖活动发生。2013年，首次未发现中华鲟自然繁殖活动；2014年中华鲟虽有自然繁殖，但产卵具体时间和地点不明；2015年中华鲟未繁殖；2016年中华鲟发生小规模产卵活动。从繁殖个体数量估算结果来看，20世纪70年代繁殖群体数量在1万尾左右，80年代为1300～2200尾，90年代在400尾左右，21世纪初则在200尾左右，2009年以后资源量继续下降到不足200尾。至2016年，中华鲟繁殖个体数量已下降不足100尾。2017～2020年，"长江渔业资源与环境调查"专项项目组对中华鲟的自然繁殖活动开展了持续的监测，在中华鲟自然繁殖的水温窗口期（15.5～20.5℃）分别开展了73天、58天、63天和75天的监测，4年均未发现中华鲟的自然产卵活动。根据水声学探测的结果估算，2017～2020年中华鲟繁殖群体的数量分别为27尾、20尾、16尾和13尾（95%置信区间为7～18尾）。在全流域65个固定站位的监测中，2017～2020年共记录到中华鲟307尾，其中2017年在长江口记录到2016年自然繁殖的幼鱼288尾，2018年记录到1尾，2019年记录到13尾，2020年记录到5尾。除2017年长江口记录的288尾幼鱼外，其他年份记录的个体均为增殖放流个体（危起伟，2020；杨海乐等，2023）。

● 濒危等级

《世界自然保护联盟（IUCN）濒危物种红色名录》：极危（CR）。

● 形态特征

中华鲟体呈长梭形，前端略粗，向后渐细，腹部较平。头部呈三角形，略扁平，背面观呈楔形，腹面及侧面有陷器。鳃孔位于头两侧，有喷水孔 1 对，位于鳃盖前上方，呈新月形。眼 1 对，小而呈椭圆形；吻端锥形，两侧边缘圆形，吻须 4 根，圆形，位于吻之腹面；口腹位，横裂，开口朝下；鳃盖位于头之两侧，后缘具鳃盖膜，左右鳃盖膜与峡部相连。

躯干部具 5 行骨板，背中线 1 行，左右体侧各 1 行，左右腹侧各 1 行。尾部具 4 行骨板，背中线及腹中线各 1 行，左右体侧各 1 行。身体最高点不在第一骨板处，第一背骨板也不是最大的骨板，有背鳍后骨板和（或）臀后骨板；臀鳍基部两侧无骨板；第一背骨板通常与头部骨板分离；侧骨板菱形，高大于宽。

体前面腹侧有胸鳍 1 对，扁平呈叶状，水平向后外侧伸展；后部具腹鳍 1 对，较胸鳍小，略向两侧平展；在腹鳍后缘腹中线可见两孔，前者为肛门，后者为尿殖孔；尾部背面有背鳍 1 个，背鳍条数多于 44，前基与腹面的尿殖孔相对，斜向后伸；臀鳍位于尾部腹面，前基位于尿殖孔后方，与背鳍上下相对应，较背鳍小而色浅；尾鳍歪形，后缘下部内凹，上叶甚长，末端尖长，其上缘有一列纵行棘状鳞，下叶短小，末端稍尖，尾柄粗短。

中华鲟个体较大，雄鲟可长达 250cm、重 150kg 以上，雌鲟可长达 400cm、重 350kg 以上。背骨板 10～16 枚，侧骨板 26～42 枚，腹骨板 8～16 枚，背鳍条数 50～58，臀鳍条数 26～40，外侧鳃耙 14～25。

中华鲟体色变化较大，侧骨板以上为青灰色、灰褐色或灰黄色，侧骨板以下由浅灰色逐步过渡到黄白色，腹部为乳白色。中华鲟的皮肤光滑，幼鲟皮肤光滑或局部粗糙（四川省长江水产资源调查组，1988）。

● 习性与生活史

中华鲟为底栖鱼类，属于以动物性食物为主的杂食性鱼类，主要以一些小型或行动迟缓的底栖动物为食，包括虾蟹、鱼类、软体动物和水生昆虫等。因生活环境的不同食物种类也有所不同，幼鱼在长江中、上游江段主要以摇蚊幼虫、蜻蜓幼虫、蜉蝣幼虫及植物碎屑等为食（余志堂等，1986），到了河口咸淡水域中的幼鱼则以虾类、蟹类及小鱼为食。鲟鱼洄游期间不摄食。在长江口外近海水域，中华鲟摄食强度增大，通常在 3～4 级，食物以鱼和蟹为主，还有虾和头足类等。

长江中华鲟第一次性成熟年龄雌性为 14～26 龄，雄性为 8～18 龄，产卵季节是 10～11 月，属一次性产卵类型鱼类，其产卵间隔至少 2 年。雌性成熟个体重量一般在 150kg 以上，雄性在 50kg 以上。观测到的中华鲟最大年龄为 34 龄。

长江中华鲟是典型的江海洄游性鱼类。在海中长大，即将性成熟的中华鲟，每年 7～8 月进入长江口，溯江而上，其间停止摄食，依靠体内脂肪提供运动的能量并完成性腺的最后成熟，于翌年 10～11 月到达金沙江下游和长江上游产卵繁殖。受精卵在产卵场孵化后，鲟苗随江漂流，第二年 4 月中旬至 10 月上旬长江口即出现 7～38cm 长的中华鲟幼鲟，它们以后陆续进入海洋。亲鱼产卵后一般也立即返回海洋。

● 地理分布

中华鲟分布于中国近海（包括东海、黄海和台湾海峡等）及流入其中的大型江河，包括长江、珠江、闽江、钱塘江和黄河。目前，闽江、钱塘江、黄河和珠江中华鲟已经绝迹。

● 保护措施与建议

中国已建立了3个中华鲟保护区，即上海市长江口中华鲟自然保护区（市级，2002年）、长江湖北宜昌中华鲟自然保护区（省级，1996年）、江苏省东台市中华鲟自然保护区（省级，2000年）。

基于中华鲟资源量的急剧下降，为了保护中华鲟这一物种，包括人工驯养、栖息地保护、增殖放流等多项措施开始实施。早在20世纪70年代，四川省长江水产资源调查组在金沙江江边圈养野生中华鲟亲鱼初步实现人工繁殖（四川省长江水产资源调查组，1988），1983年中华鲟研究所和长江水产研究所人工催产野生中华鲟亲鱼成功，真正突破中华鲟的人工繁殖。然而这种人工繁殖是依赖捕捞野生中华鲟亲鱼而实现的，对野生种群资源破坏较大。因此，1997年，长江水产研究所开始了人工后备亲鱼的培育试验，于湖北、福建、北京等省（市）实现不同养殖模式后备亲鱼梯队的规模化驯养，2006年7月，水利部中国科学院水工程生态研究所与中国长江三峡集团有限公司联合组成科技攻关小组，正式启动中华鲟全人工繁殖研究工作。在2009年，中国长江三峡集团有限公司选择其中的一对雌雄亲鱼开展了人工催产，于9月29日获得精液600ml，成熟鱼卵4万粒，人工授精后获得受精卵2.8万粒，标志着淡水条件下中华鲟全人工繁殖技术取得突破，到2012年，长江水产研究所也获得了中华鲟全人工繁殖的成功。中华鲟人工繁殖成功后，长江水产研究所、湖北省水产局等单位便开始向长江增殖放流中华鲟鱼苗（危起伟等，2019）。

5.4.3 长江鲟 *Acipenser dabryanus*

● 保护等级

国家一级重点保护野生动物

● 分类地位

硬骨鱼纲 Osteichthyes 鲟形目 Acipenseriformes 鲟科 Acipenseridae

● 资源变动、濒危现状评价

长江鲟曾经是长江上游干流和主要支流的渔业捕捞对象之一，20 世纪 70 年代初，长江鲟曾经占合江渔业总产量的 4%～10%。此后，过度捕捞及水电工程的建设导致长江鲟的资源量急剧下降。据统计，1984～1993 年长江上游泸州段误捕长江鲟 124 尾；1994～1996 年长江上游宜宾江段误捕 27 尾。2006～2010 年在长江上游监测到 39 尾；2010～2012 年中国水产科学研究院长江水产研究所分别监测到长江鲟 29 尾、17 尾、35 尾，分布的江段依次为宜宾、重庆（江津）、泸州，后经鉴定全部为放流个体，未发现野生个体（向浩，2018）。

2019～2020 年长江渔业资源与环境调查专项项目组在长江上游开展了 2 次长江鲟自然繁殖专项调查，结果表明，增殖放流的长江鲟个体在放流后主要集中于宜宾三江口以上江段，部分放流个体已观测到摄食，能较好地适应放流后的水域环境。但 2 年的监测未观测到长江鲟自然繁殖发生。在全流域 65 个固定站位的监测中，2017～2020 年共记录到长江鲟 350 尾，其中 2017 年共记录到 9 尾，2018 年记录到 117 尾，201 年记录 11 尾，2020 年记录到 213 尾。所有记录个体均为增殖放流个体。2022 年 7 月世界自然保护联盟宣布长江鲟野外种群灭绝（曹文宣，2000）。

● 濒危等级

《世界自然保护联盟（IUCN）濒危物种红色名录》：极危（CR）；《中国生物多样性红色名录：脊椎动物卷（2020）》：极危（CR）。

● 形态特征

长江鲟外形粗长呈鱼雷形，前段粗壮，向后渐细，横切面呈五边形。腹部平扁，尿殖孔以后较细，横切面呈椭圆形。幼鱼身体细长呈长梭形，吻部尖长，微向上翘。体色在侧骨板以上为灰黑色或灰褐色，侧骨板至腹骨板之间为乳白色，腹部黄白色或乳白色。体色在不同个体间变化较小。头部略呈圆锥形，侧面观呈楔形，腹部平扁。具须 2 对。口下位，横裂，口角和下颌外侧有唇褶。吻部发达，布有陷器。眼位于头部两侧，稍偏体轴的上方，眼的横轴稍大于纵轴，微呈椭圆形，无上、下眼睑和瞬膜。躯干部具 5 行骨板，背骨板 1 行，位于体背中央；侧骨板 2 行，位于躯干两侧；腹骨板 2 行，位于躯干部腹面的两侧。背骨板呈菱形，具棱和刺，锋利如刃，是 5 行骨板中最大者，背骨板通常 9～11 枚，背鳍之后还有 1～2 枚。侧骨板呈三角形，具棱和刺，是 5 行骨板中最小者，侧骨板通常 29～35 枚。腹骨板形较大，略似斜菱形，具棱和刺，通常 9～13 枚。位于尾部腹面臀鳍前的骨板称为臀前骨板，1～2 枚，臀鳍后的称臀后骨板，通常为 2 枚。存在退化的泄殖腔，肛门、尿殖孔均开口于泄殖腔，这是与中华鲟的区别。尾部细而较短，具 4 行骨板，背骨板和侧骨板是躯干部同行骨板的延续，腹骨板在腹鳍前终止，腹面仅有 1 行骨板。尾鳍为歪型尾，上叶长于下叶（四川省长江水产资源调查组，1988；丁瑞华，1994）。

• 习性与生活史

长江鲟常栖于江河中下游，在长江的湖北宜昌以上至金沙江下游较多见于大型湖泊，这些场所一般离河岸10～20m，水深8～10m，流速1m/s左右，底质为砂质或碛滩，有较多的腐殖质和底栖生物。长江鲟为淡水定居性鱼类，不进行远距离洄游。

长江鲟是为以动物性食物为主的杂食性鱼类，幼体以动物性饵料为主，随着个体的增大，摄食植物性食物的种类和数量也相应地增加。动物性食物主要是水生寡毛类、昆虫幼虫和某些底栖小型鱼类；植物性食物多为水生高等植物的茎、叶、碎屑及绿藻、硅藻等（任华等，2014；肖新平，2018；杜军等，2009）。

长江鲟为异速生长类型，生长速度最快期为2～3龄，4龄后生长开始缓慢，最大全长为130cm、体重为22kg。长江鲟为广温性鱼类，在16～32℃均可摄食生长，适宜生长温度为18～25℃，当水温超过28℃时，长江鲟生长缓慢且容易死亡。

根据1972～1975年不同季节长江上游长江鲟成熟个体的性腺解剖结果和仔幼鱼出现时间，判断长江鲟有春季（3～4月）和秋季（11～12月）两种繁殖类型。长江鲟雄性最小4龄可达性成熟，体长80～102cm；雌性最小6龄可达性成熟，体长90～110cm；成熟群体体重为6～16kg。长江鲟成熟系数雌性为10%～18%，雄性为4.5%～6.5%；绝对怀卵量6万～13万粒，成熟卵径2.8～3.5mm（谢大敬等，1981；四川省长江水产资源调查组，1988；丁瑞华，1994）。

长江鲟不具有集群溯河生殖洄游和集群繁殖的习性，产卵群体零星分散，无较集中的大型产卵场和明显的盛产期。产卵场分布于金沙江下游冒水至长江上游合江之间的江段，主要有金沙江下游的雪滩，长江上游的安边、南广、盐坪、黄桷沱、白沙湾，以及泸县的观音沱等江段。产卵场的位置一般在主河道的石砾滩上，流速为1.2～1.5m/s，透明度为33cm，水深为5～13m，水温春季为16～19℃，冬季为12～15℃。距产卵场下游不远处应有较多的沙泥底质的湾沱，便于孵出的仔幼鱼进行索饵肥育。产卵的水温为17～18℃，黏性卵。

• 地理分布

历史上长江鲟主要分布在金沙江下游和长江上游，在长江上游各大支流（如嘉陵江、沱江）的下游及长江中游荆州以上的江段也有分布，目前长江鲟野外种群绝迹，放流的成熟长江鲟主要分布在向家坝以下的金沙江下游及李庄镇以上的长江干流，放流的幼鲟也分布在长江上游的一些干流及支流中（Li et al.，2021）。

• 保护措施与建议

当前，长江鲟已成为长江鱼类资源保护的旗舰物种之一，其物种保护工作也已成为长江生态系统修复、共抓长江大保护的重要工作。2018年5月，农业农村部印发了《长江鲟（达氏鲟）拯救行动计划（2018—2035）》，指导开展长江鲟资源恢复和自然种群重建工作。实现大规模的长江鲟人工繁殖和增殖放流，被认为是恢复野生资源数量、实现自然种群重建的主要手段。就地保护、迁地保护及人工增殖放流是保护珍稀濒危鱼类物种资源的主要途径。在就地保护方面，长江鲟被列为长江上游珍稀特有鱼类国家级自然保护区重点保护对象，在保护监管、禁止捕捞、误捕救护等方面获得了基本保障，使现有天然留存资源及通过增殖放流获得的资源得到一定的保护。近年来，通过增殖放流措施也观测到长江鲟在误捕出现率方面有一定的回升，这一定程度上反映了增殖放流的效果（Zhang et al.，2011）。

1976年3月，四川省长江水产资源调查组（1988）在长江上游进行长江鲟圈养催产试验，首次获得成功。中国长江三峡集团有限公司自2011年起启动长江鲟全人工繁殖技术的研究，组织人员进行重点技术攻关，成功建立了长江鲟的人工养殖模式，并通过建立营养强化和温度刺激为主的生殖调控体系，促使其在人工养殖条件下性腺发育成熟。2019年4月，中华鲟研究所在宜昌黄柏河基地分3批次成功催产20尾雌鱼和4尾雄鱼，获受精卵33万余粒，最终成功孵化出长江鲟仔鱼5万余尾。中国水产科学研究院长江水产研究所等单位已突破了长江鲟的全人工繁殖。

人工增殖放流措施在改善水域生态环境、维护水生生物多样性、恢复渔业资源量等方面具有积极的作用。因此人工增殖放流长江鲟是恢复其野外种群及物种延续的一项重要手段。

栖息地恢复，即在对长江鲟关键栖息地（如产卵地）适宜性评价的基础上，恢复和改善长江鲟的关键栖息地。栖息地恢复的重点是补充长江鲟赖以生存的物种，以促进长江鲟在自然栖息地的有效生存、育肥和越冬。

5.4.4　鲥 *Tenualosa reevesii*

● 保护级别

国家一级重点保护野生动物

● 分类地位

硬骨鱼纲 Osteichthyes 鲱形目 Clupeiformes 鲱科 Clupeidae

● 资源变动、濒危现状评价

鲥曾是长江重要的渔业对象，其商业捕捞主要集中在长江下游，产量的统计资料较珠江和钱塘江鲥更完整，主要来自长江流域沿岸各地渔民的年捕捞产量。1962年以前鲥的年产量在300～500t，最高年产量曾达到580t。1957～1962年，全江段鲥的产量在59～530t（邱顺林等，1987）。资料显示，1963～1967年仅安徽省鲥的产量就达30～67t

（湖北省水生生物研究所鱼类研究室，1976）。1968～1975 年，全江段鲥产量呈波浪式浮动，1974 年曾达到历史最高产量 1577t；1979 年以后，鲥的年产量逐年下降（刘绍平等，2002）。随着中国经济的快速发展，受强大的捕捞压力、水利工程导致的栖息地破坏、水域污染等多重胁迫的影响，鲥种群数量急剧下降，20 世纪 80 年代后期已不能形成渔汛，由 1975 年的 284t 骤减至 1998 年的 0.0015t（只有一尾）。同时，其繁殖群体也发生显著的变化，1973 年性成熟年龄为 3～7 龄，而 1987～1988 年其性成熟年龄提前至 2～4 龄（刘绍平等，2002）。珠江鲥在 60 年代以前渔获量一直很高，据 1980～1982 年珠江鲥的主要产卵场番禺和东莞两个地区的捕捞产量统计，三年仅捕捞到 51.5 万斤[①]，1996 年产量仅为 1200 斤。钱塘江鲥的历史最高产量主要集中在 1959 年之前，1934 年钱塘江鲥的产量曾高达 17 500kg（周汉书，1990）。目前，在长江流域、珠江流域和钱塘江流域鲥溯河产卵洄游的必经路线，均监测到鲥种群（葛亚非，2005；贾海滨等，2010；谭细畅等，2010；郝雅宾等，2019；张迎秋等，2020）。

● 濒危等级

《世界自然保护联盟（IUCN）濒危物种红色名录》：数据缺乏（DD）；《中国濒危动物红皮书》：Ⅰ级；《中国生物多样性红色名录》：极危（CR）。

● 形态特征

在鲱科鱼类中，鲥的检索特征是：背鳍 17～18；臀鳍 18～20；胸鳍 14～15；腹鳍 8。纵列鳞 42～44，横列鳞 16～17。鳃耙 110+172。

体长为体高的 2.60～3.06 倍，为头长的 3.25～3.56 倍；头长为吻长的 4.03～4.28 倍，为尾柄高的 12.7～14.7 倍，为眼径的 4.29～4.75 倍，为眼间隔的 4.46～4.75 倍。

体长呈椭圆形。头侧扁，前端钝。头背通常光滑。顶骨缘无细纹，少数顶骨缘或有很窄的细纹。吻端圆钝形，中等长。眼较小，侧前位，脂眼睑较发达，几乎盖着眼的一半。眼间隔窄，中间隆起。鼻孔明显，距吻端较距眼前缘稍近。口较小，上、下颌等长。前颌骨中间有显著的缺凹，上颌骨的末端伸到眼中央的后下方，下颌骨末端伸到眼后缘的后下方，舌发达。口无齿。鳃盖光滑。鳃孔大，向头腹部开孔而止于眼的前下方。假鳃发达。鳃盖膜不与峡部相连。鳃盖条 6。鳃耙细密，数多。肛门紧位于臀鳍的前方。体被圆鳞，不易脱落。鳞片前部有 5～7 条横沟线。环心线细，均不中断，后面有放射状纵沟，无孔。头部光滑无鳞。腹部棱鳞强，16～17+14 个。背、臀鳍的基部有很低的鳞鞘。胸、腹鳍基部有短的腋鳞。尾鳍基部无明显的长鳞。无侧线。背鳍始于体中央稍后的上方。臀鳍距尾鳍基近，其基部约与背鳍基等长。胸鳍后方伸不到腹鳍起点。腹鳍始于背鳍的下方，起点与前鳃盖后缘和臀鳍起点的距离相等。尾鳍略短于头长，且为深叉形。尾柄短，其长约等于其高。体背部绿色，体侧和腹部银白色。幼鱼期体侧有斑点。吻部乳白色。吻背方淡灰色。鳍淡黄色，且背、尾鳍边缘灰黑色。

鲥体型较小，雄鲥体重可达 2200g，体长可达 54cm；雌鲥体重可达 3000g，体长可达 60cm（邱顺林等，1989）。

[①] 1 斤 =500g

● 习性与生活史

鲥是典型的江海洄游性鱼类。在海中生活 2～3 年后，即将成熟的鲥每年 4～5 月进入长江口，从海洋溯河入江生殖洄游，形成一年一度重要的渔汛。进入长江口的鲥，于每年 4 月下旬到达长江口，又分两支上溯：一支上溯至鄱阳湖及赣江处产卵；另一支上溯至洞庭湖水系的湘江的长沙至株洲和宜昌以下的长江干流处产卵。其间停止摄食，依靠体内储存的脂肪提供能量进行运动并完成性腺的最后成熟。于 5 月底 6 月初经过湖口县鄱阳湖陆续到达长江中下游赣江进行产卵繁殖。受精卵在产卵场孵化后，鲥苗随江漂流并进入产卵场下游的通江湖泊生长肥育，也有少数在长江干流进行生长肥育。10～11 月在长江口出现体长未超过 9cm 的幼鲥陆续进入海洋，亲鲥完成产卵后也立即返回海洋（邱顺林等，1987）。

鲥为暖水性中上层海洋鱼类，以浮游生物为饵料，其中又以桡足类、虾类和硅藻为主。在生活的各阶段食性稍有不同，降海前的幼体以淡水浮游生物为食；降海后的幼鲥以海洋桡足类和硅藻为食；成年鲥以海产桡足类和硅藻为主。摄食强度随着向河口移动而逐渐减弱。溯河进入淡水后一般不摄食。产卵后有少数亲鱼又开始摄食。性腺是在洄游过程中逐渐发育的。性成熟年龄雄鱼为 3 龄，体长 31cm，体重 0.6kg；雄鱼也为 3 龄，体长 43.2cm，体重 1.1kg。一次性产卵类型，繁殖能力较大，绝对怀卵量在 83.8 万～389.6 万粒，相对怀卵量在 22.51 万～48.7 万粒。产卵期从 6 月上旬至 8 月下旬。产卵时选择在江底多砂质卵石、水温在 25～32℃（以 27～30℃最佳）、透明度为 15～30cm、流速为 1m/s、流量为 2500～4000m³/s 的砂质底清澈水处。繁殖时三五成群活跃在大江水上层。雌雄相互追逐，多在午后至傍晚前产卵。卵具油球，为浮性卵，卵径一般在 0.7mm 左右（邱顺林等，1987）。

● 地理分布

鲥分布于黄海、渤海和南海及长江、珠江和钱塘江，以长江的数量居多（邱顺林等，1989）。

● 利用情况

鲥为我国名贵经济鱼类，肉味鲜美，鳞下脂肪丰富，为鱼类之上品，驰名中外，经济价值极高，为人们所重视。

● 保护措施与建议

为了保护鲥资源，我国相继开展了鲥人工授精、卵孵化及仔鱼培育研究，有关部门还提出从 1987 年 3 月起对长江鲥的短期（3 年）禁捕计划，但鲥资源枯竭的状况依旧没有改变。

5.4.5 川陕哲罗鲑 *Hucho bleekeri*

● 保护级别

国家一级重点保护野生动物

分类地位

硬骨鱼纲 Osteichthyes 鲑形目 Salmoniformes 鲑科 Salmonidae

资源变动、濒危现状评价

20世纪60年代后，受气候变化和人类活动的影响，川陕哲罗鲑活动区域不断减小、种群数量大量减少，在很多历史分布区已难以寻找到其踪迹（何舜平等，2000）。20世纪60～80年代，川陕哲罗鲑自然分布区缩小至岷江干流上游、大渡河上游和青衣江上游支流江段。20世纪80年代至21世纪00年代，其数量已经十分稀少，仅在大渡河上游的青海省玛柯河与脚木足河，岷江上游的黑水河支流、青衣江及天全河上游等有零星发现。同期，在陕西省汉水支流的太白河、湑水河有少量发现（杨德国和李绪兴，1999）。21世纪以来，除了青海省玛柯河有偶可见一两尾的报道外（申志新等，2005），大部分其原有分布区未见关于此物种野生个体的报道。此外，其自然种群中雄性远多于雌性，且雌性怀卵量少，因此一旦种群数量过度下降，资源数量就难以恢复。

濒危等级

《世界自然保护联盟（IUCN）濒危物种红色名录》：极危（CR）。

形态特征

川陕哲罗鲑体呈梭形，略侧扁。头部无鳞。吻钝尖。眼侧位，眼间隔宽。口大，端位。上颌伸过眼后缘。前颌骨有齿18，上颌骨有齿50。下颌每侧有齿14。腭骨齿13。犁骨前端有3～4齿，两侧各有4齿。舌有齿2行，各6～7齿。鳃孔大。鳃耙粗短。鳃膜骨条13。鳃膜分离且游离。肛门邻近臀鳍起点。胃发达，鳞为小圆鳞，无辐状沟纹。侧线完整，前端稍高。背鳍 iii-iv-10～11；臀鳍 iii-8～9；胸鳍 i-13～15；腹鳍 i-8～9；尾鳍分支鳍条18。侧线上鳞31～36，侧线下鳞25～27至腹鳍；鳃耙5+10；椎骨37+24。川陕哲罗鲑体长375～640mm；体长为体高的4.5～4.9倍，为头长的4.1～4.7倍；头长为吻长的3.4～3.8倍，为眼径的5.5～5.6倍，为上颌长的2.2～2.4倍，为最长背鳍条长的1.9～2.2倍，为臀鳍条长的1.7～2倍，为胸鳍长的1.6～1.7倍，为腹鳍长的1.7～2.2倍，为尾鳍条长的1.4～1.5倍，为尾柄长的1.6～2；尾柄长为尾柄高的1.5～1.8倍。背鳍始于体前后端的正中点，第一分支鳍条最长，鳍背缘微凹。臀鳍约始于腹鳍基到尾鳍基的正中点。脂背鳍位于臀鳍基正上方。胸鳍侧下位，尖刀状，远不达背鳍。腹鳍约始于背鳍中部下方，远不达肛门。尾鳍叉状。头体背侧蓝褐色，有"十"字形小黑斑，斑小于瞳孔；腹侧白色。

小鱼体侧常有 6～7 个暗色横斑。鳍淡黄色；生殖期腹部、腹鳍及尾鳍下叉橘红色（中国科学院西北高原生物研究所，1989；汪松和解焱，2009）。

● 习性与生活史

川陕哲罗鲑属冷水性鱼类，喜欢栖居于海拔 700～1200m 的河道狭窄、水流湍急、底质为砾石或砂石的深水河湾或流水环境。性活泼健泳、凶猛，喜单独活动（李思忠，1984）。

川陕哲罗鲑 2～3 龄性成熟（雄性 2 龄、雌性 3 龄），繁殖季节为 3～5 月。各水系略有差异，大川河略早一些，一般在 3 月中、下旬，玛柯河在 4 月中、下旬。此时河水刚刚解冻不久，水温在 4～10℃，产卵场一般位于河流上、下游均有急流深水的中部近岸缓流区域，底质为砾石或砂石，水深 15～80cm。筑巢产卵，产卵亲鱼在适宜的河床挖掘圆形或椭圆形的浅窝。受精卵较大，直径 3～4mm，黄色，无黏性，沉性卵。川陕哲罗鲑在产卵前有逆水溯游现象（杨焕超等，2016）。

川陕哲罗鲑为典型的性情凶猛的食肉性鱼类，是淡水鱼类中贪食的种类之一，其食物主要是鱼类和水生昆虫的成虫及其幼虫，还包括水鸟和水生兽类等，有时也吃腐肉。幼鱼阶段以水生昆虫为主，其次为小鱼和底栖动物。成鱼则以裂腹鱼、高原鳅、鮡科鱼类为主，水生昆虫仍有一定比例（吴金明等，2015）。

● 地理分布

川陕哲罗鲑分布于四川省岷江上游（最初分布下限是都江堰市）、大渡河上游（最初分布下限是峨边），陕西的太白河及留坝的汉江上游，青海的玛柯河。

● 保护措施与建议

早在 1992 年，青海渔业部门就以法律形式保护川陕哲罗鲑及其生态环境。《青海省实施〈中华人民共和国渔业法〉办法》第二十五条明确规定，禁止捕捞川陕哲罗鲑；第二十八条规定玛柯河（川陕哲罗鲑栖息水域）为常年禁渔区。青海省渔业环境监测站从 1998 年开始进行保护工作，并在玛柯河筹建川陕哲罗鲑救护中心，已于 2005 年 4 月 16 日正式开工建设，2005 年年底建成，2006 年春季投入使用。另外，四川渔业部门将分布有川陕哲罗鲑的水域设立禁渔区；陕西建立了太白山区水生野生动物自然保护区，保护川陕哲罗鲑、细鳞鲑等珍稀的鲑科鱼类（简生龙，2011）。

保护建议方面，加大宣传力度，培养全民爱鱼护鱼意识从而保护珍稀鱼类是一项社会性工作，需要社会各界大力支持和努力，依法加强珍稀鱼类保护的同时，借助新闻媒体、公益广告、发放宣传资料等多种方式，增进全社会的关注，增强全民爱鱼护鱼意识，营造保护水生生物的社会氛围。

加强生态环境保护，生态环境关系着生物资源的生存环境，建立自然保护区，不仅局限于水域，还可覆盖川陕哲罗鲑生活水域的森林、植被等植物系统，保护植被系统促使生物生态系统平衡，实现鱼类资源生物多样性。

开展人工繁殖和增殖放流活动，对已消失或现存种群数量稀少的重要经济鱼类，在科学论证的基础上，采取人工繁殖和增殖放流的方法，恢复其种群数量。

5.4.6 秦岭细鳞鲑 *Brachymystax lenok tsinlingensis*

• 保护级别

国家二级重点保护野生动物（仅限野外种群）

• 分类地位

硬骨鱼纲 Osteichthyes 鲑形目 Salmoniformes 鲑科 Salmonidae

• 资源变动、濒危现状评价

20 世纪 50 年代左右，秦岭细鳞鲑个体重起码在五六斤。如今分布在秦岭及甘肃渭河的小溪中却很难见到，即便刻意在岩石缝隙中寻到，也只能找到很小的当年生个体。影响其生境的主要原因：一是全球气候变暖及降水量的减少，山溪涧的全年平均温度超过秦岭细鳞鲑的最高生存温度（20℃）。据任剑和梁刚（2004）对千河种群的调查，从 2001 年开始，秦岭细鳞鲑生存的海拔由 900m 提高到 1200m，在海拔 1200m 以下人口较多的地区已经极难见到，其生存空间也由河流源头向后退了 20～30km。二是近年来由于植被破坏、水土流失、河流变浅等人类活动的影响加剧，同时水电站堤坝等人工设施的建设，隔断了溪流间秦岭细鳞鲑的洄游，致使这种易危的秦岭细鳞鲑生存环境持续恶化。三是人为的偷、毒、电、炸等滥捕行为对这种珍稀生物来说是"灭顶之灾"，作为冷水鲑科鱼类，其生长周期长，肉质细腻鲜美，无间刺，为当地重要的野生经济种类，随着其栖息地日趋缩小，资源的不断衰减使得秦岭细鳞鲑的市场价值进一步攀升（任剑和梁刚，2004）。为了有效保护这种珍稀濒危种类，一些地方政府已经建立相应的保护区来保护这种鱼类资源的苛刻的自然栖息地（孙长铭等，2004；兀洁等，2022）。

• 濒危等级

《中国濒危动物红皮书》：濒危（EN）。

● 形态特征

秦岭细鳞鲑成鱼体型为纺锤形，体长 165～275mm；体长为体高的 3.9～4.9 倍，为头长的 3.7～4.6 倍，为前背长的 2.0～2.2 倍，为后背长的 2.4～2.7 倍。头长为吻长的 3.1～4.8 倍，为眼径的 3.7～4.9 倍，为眼间隔宽的 3.2～3.7 倍，为上颌长的 2.1～2.4 倍，为尾柄长的 1.6～2.5 倍。头部无鳞，身体上有细小的圆鳞。头钝且上部宽坦，中央有微型凸起。口端位，口裂大，下颌较上颌略短，上颌骨后端达眼中央下方。两颌、犁骨与腭骨各有小尖牙 1 行；犁骨与腭骨牙行连成马蹄形。舌厚，游离，有尖牙 2 纵行，每行牙 5 颗，牙行间纵凹沟状。鳃孔大，侧位，下端达眼中央下方。鳃盖膜分离，不连于鳃峡。有假鳃。鳃耙外行长扁形，最长较眼半径略短；内行小块状。肛门邻臀鳍前缘。躯椎 34～35 个、尾椎 24 个。胃发达，白色弯管状。肠长约等于体长的 2/3。幽门盲囊数量一般为 60～110。鳔长大，圆锥形，壁薄，后端尖且伸过肛门。腹膜色很淡。侧线侧中位。

秦岭细鳞鲑背鳍短，上缘微凹；第一分支鳍条最长，头长为其长的 1.4～1.8 倍。脂背鳍位于臀鳍上方。臀鳍也短，头长为第一分支鳍条长的 1.2～1.7 倍。胸鳍侧位，很低，尖刀状；头长为第 3～4 鳍条长的 1.3～1.6 倍。腹鳍始于背鳍基中部下方，头长为第一分支鳍条长的 1.4～2.1 倍，远不达肛门；鳍基有一长腋鳞。尾鳍叉状。

秦岭细鳞鲑背侧暗绿褐色；两侧淡绛红色，微紫，到腹侧渐呈白色；背面及两侧有椭圆形黑斑，斑缘白色环纹状；最大斑直径约等于或稍大于眼半径；前背部斑很少，沿背鳍基及脂背鳍上各有 4～5 个黑斑。前背鳍与尾鳍灰黄色（李思忠，2017；汪松等，1998）。

● 习性与生活史

秦岭细鳞鲑为冰期自北方南移的残留种，属冷水性山麓鱼类。生活于秦岭地区海拔 900～2300m 的山涧溪流中，水底多为大型砾石。秋末，在深水潭或河道的深槽中越冬。除洪水期，很少在平原干流中见到。对酸碱度（pH）适应范围为 5.75～7.8，致死上、下限分别为 8.5 及 4.3。自然情况下产卵期为每年春、夏季（3～6 月），自主河道下游游至含有砂砾底质的上游主河道或支流进行繁殖，9～11 月自上游洄游到主河道的下游（含深潭或石缝）进行越冬（任剑和梁刚，2004；施德亮等，2012）。

秦岭细鳞鲑为肉食性鱼类，摄食虾、水生昆虫、鱼卵、小型鱼类等。较大个体也可捕食林蛙、落浮在水面的陆生昆虫，有时会跃出水面捕食飞虫。幼鱼通常以小鱼、水生昆虫、水边生活的小动物及植物为食（侯峰，2009；高祥云等，2014）。

● 地理分布

秦岭细鳞鲑分布于秦岭太白山东麓的黑河、北麓的石头河、南麓的湑水河和太白河、陇县的千河支流及甘肃渭河上游及支流。

● 保护措施与建议

为保护秦岭细鳞鲑这一易危物种，21 世纪初中国相继建立了陕西陇县国家级秦岭细鳞鲑自然保护区、甘肃漳县国家级珍稀水生动物自然保护区等，对秦岭细鳞鲑的保护起到积极的作用。为保护秦岭细鳞鲑种质资源，恢复种群数量，甘肃张家川马鹿秦岭细鳞鲑驯养繁殖场自 2013 年开始进行人工驯养繁殖及鱼苗培育工作，积累了人工养殖技术经验，研究了秦岭细鳞鲑人工养殖的关键技术。

保护建议方面，开展人工繁殖和增殖放流活动。在科学论证的基础上，对已消失或现存种群数量稀少的重要经济鱼类，采取人工繁殖和增殖放流的方法，恢复其种群数量。

严禁非法捕捞秦岭细鳞鲑。禁捕繁殖群体和集群仔幼鱼，对秦岭细鳞鲑生存河道进行不定时检查，如发现电鱼、毒鱼和炸鱼等违法行为，予以制止且依法严惩。

加大宣传力度。渔业主管部门在适宜秦岭细鳞鲑生长的河流沿途，大力宣传保护野生水生动物资源的重要性和意义，提高群众保护当地野生水生动物的意识。

5.4.7　花鳗鲡 *Anguilla marmorata*

● 保护级别

国家二级重点保护野生动物

● 分类地位

硬骨鱼纲 Osteichthyes 鳗鲡目 Anguilliformes 鳗鲡科 Anguillidae

● 资源变动、濒危现状评价

工业有毒污水对河流的严重污染和捕捞过度，以及毒、电鱼法对鱼资源的毁灭性破坏，拦河建坝修水库及水电站等阻断了花鳗鲡的正常洄游通道等原因，致使花鳗鲡的资源量急剧下降，已难见其踪迹。

● 濒危等级

《世界自然保护联盟（IUCN）濒危物种红色名录》：无危（LC）；《中国生物多样性红色名录：脊椎动物卷（2020）》：濒危（EN）。

● 形态特征

花鳗鲡体长为体高的 13.4～13.7 倍，为头长的 6.3～6.8 倍，为体宽的 15.2～16.8 倍，为肛前躯干长的 2.2～2.4 倍，为背鳍前距的 3.6～6.3 倍，为胸鳍长的 23.4～25.3 倍。头长为吻长的 5.4～5.5 倍，为眼径的 15.4～12.3 倍，为眼间隔的 5.1～5.3 倍。口裂长为口裂宽的 1.1 倍（林娟娟和闵志勇，2001）。

体长而粗壮，躯干部圆柱形，尾部侧扁。头较大。吻短，略平扁。眼中等大小，圆形。眼间隔宽阔，微凹。鼻孔每侧 2 个，两侧鼻孔和前后鼻孔分离较远，前后鼻孔之间的距离小于两侧鼻孔间的距离；前鼻孔近吻端边缘，呈短管状；后鼻孔位于眼前方偏上，圆孔状。口端位，口裂大；口裂微向后下方倾斜，后伸明显超过眼后缘；下颌稍长于上颌。齿尖细，排列成带状；上、下颌齿带前方稍宽，后方分内外两齿带；外行齿带 2～3 行，内行齿带 1 行；犁骨齿带前方宽阔，具齿 6～7 行，向后渐减少至 1～2 行，呈细锥状向后延伸，后端伸达上颌齿带的 2/3 处。唇发达。舌尖钝，游离；舌基部附于口底。鳃孔中等大小，侧位，位于胸鳍基部前下方，近垂直状。肛门位于体中部的前方。

体被细长小鳞，5～6 枚小鳞相互垂直交叉排列，呈席纹状，埋于皮下，常为厚厚的皮肤黏液所覆盖。侧线孔明显，起始于胸鳍上角后上方，平直向后延伸至尾端。背鳍起点远在肛门前上方，其起点距鳃孔的距离较距肛门为近。臀鳍接近肛门，臀鳍起点与背鳍起点的距离大于头长。背、臀鳍发达，与尾鳍相连续。胸鳍较发达，近圆形。尾鳍后缘钝尖。

常见个体体长 70～80cm、体重约 5kg，最大个体体长可超过 230cm、体重 40～50kg（湖北省水生生物研究所鱼类研究室，1976）。

● 习性与生活史

花鳗鲡具有降河洄游习性，在海洋出生，在淡水中成长，最后又回到海洋的出生地结束一生。在淡水中，多生活于水库、湖泊、池沼和江河中，以水库的分布密度最大，白昼隐伏于洞穴及石隙内，夜间外出活动。捕食鱼、虾、蟹、蛙及其他小动物，也食落入水中的大动物尸体。能到水外湿草地和雨后的竹林及灌木丛内觅食。在菲律宾可到海拔 1523.9m 的山溪中觅食。

在淡水水域其性腺不发育，降河到河口水域才开始发育，待性腺发育成熟时，进入海洋进行生殖。当 10～11 月刮西北风时节，即开始往河口移动，入海繁殖。产卵场约位于菲律宾南、斯里兰卡东和巴布亚新几内亚之间的深海沟中。

生殖后亲鱼死亡，卵在海流中孵化，初孵出仔鱼为白色薄软的叶状体，叶状体被海流带到陆地沿岸后发生变态，变成短的圆线条状的幼鳗，也称线鳗，进入淡水河湖内索食生长。

● 地理分布

花鳗鲡属热带、亚热带江海洄游性鱼类，分布于太平洋、印度洋、大西洋，北达朝鲜半岛南部及日本纪伊半岛，西达东非，东达南太平洋的马克萨斯群岛，南达澳大利亚南部。

在我国分布于长江下游及其以南的钱塘江、灵江、瓯江、九龙江，以及台湾、广东、广西和海南省的各大江河。

● 利用情况

花鳗鲡为优质食用鱼类，肉脆味美，脂肪和蛋白质含量都很高；浙江、福建和广东等地将其药用，用以治疗头晕头痛。

花鳗鲡作为淡水养殖对象，主要是捕捞野生苗种再进行人工养殖。人工养殖技术已经相当完善，但随着野生资源的枯竭，人工繁育迫在眉睫。2010年，日本实现了对花鳗鲡的人工繁育，但由于成本太高，尚未大范围推广（陈锤，2005）。

● 保护措施与建议

广东陆河花鳗鲡省级自然保护区：2004年12月，经陆河县人民政府批准（陆河府〔2004〕104号）设立县级自然保护区；2006年6月，经汕尾市人民政府批准（汕府办函〔2006〕153号）升格为市级自然保护区。2009年4月，经广东省政府批准（粤办函〔2009〕201号）升格为省级自然保护区。针对花鳗鲡的保护应充分利用各级媒体的力量，大力宣传保护环境及野生动物的知识，增强法治观念；保护水域环境，严格控制工业污染物向江河海区排放；严禁酷渔滥捕和电、毒、炸等违法行为；疏通花鳗鲡的洄游通道，在相关水利工程中建设有效的过鱼设施；在重要区域控制捕鱼量及设定禁渔区、禁渔期，限制捕捞幼苗；加大科研资金投入，开展花鳗鲡人工驯养繁殖科学试验。

5.4.8　胭脂鱼 *Myxocyprinus asiaticus*

● 保护级别

国家二级重点保护野生动物（仅限野外种群）

● 分类地位

硬骨鱼纲 Osteichthyes 鲤形目 Cypriniformes 胭脂鱼科 Catostomidae

● 资源变动、濒危现状评价

历史上胭脂鱼的渔获量以长江上游为多，20世纪五六十年代，占岷江总渔获量的 13% 左右，70 年代占 5% 左右。1970 年宜宾地区胭脂鱼产量占宜宾地区总渔获量的 20%，到 1984 年还占到 5%。当时捕获的胭脂鱼个体都较大，一般在 5～15kg。而那时长江中下游及附属大型湖泊的胭脂鱼数量很少，只有零星捕获。后来水文变化等使上游的群体数量急骤下降（湖北省水生生物研究所鱼类研究室，1976；张春光和赵亚辉，2001）。

目前，闽江胭脂鱼种群几乎绝迹，长江中尚存一定规模的群体，主要集中在宜宾至重庆的部分川江及支流；中下游集中在宜昌江段一带。成熟个体上溯到长江上游的干、支流一带繁殖，孵化出的大部分仔幼鱼随江水漂流到中下游及其附属水体生长，接近性成熟时又逐渐上溯到上游产卵。据四川省宜宾市龙洞渔业专业合作社 1958 年的统计，胭脂鱼渔获量在岷江曾占总渔获量的 13% 以上；20 世纪 60 年代在宜宾偏窗子库区，胭脂鱼渔获量占 13%；但到 70 年代胭脂鱼资源量就明显减少，70 年代中期已降至 2%；现今只有零星误捕报道。2017～2020 年，长江渔业资源与环境调查专项项目组在长江宜宾段、宜都段、监利段等水域进行了多次鱼类早期资源调查工作，均未发现胭脂鱼自然繁殖。在全流域 65 个固定站位的监测中，2017～2020 年在长江全流域共计调查胭脂鱼 213 尾，其中 2017 年调查到 36 尾，2018 年调查到 54 尾，2019 年调查到 60 尾，2020 年调查到 63 尾。这些调查到的样本中最大个体超过 6kg，属于成体，表明长江中仍有一定规模胭脂鱼亲本存在（湖南省水产科学研究所，1980；余志堂等，1988；张春光等，2000；陈春娜，2008）。

● 濒危等级

《世界自然保护联盟（IUCN）濒危物种红色名录》：易危（VU）；《中国生物多样性红色名录：脊椎动物卷（2020）》：极危（CR）。

● 形态特征

背鳍 iv -50～53；胸鳍 i-10～11；腹鳍 i-15～16；臀鳍 iii-10～12。背鳍前鳞 17～12；尾柄鳞 18～20。第一鳃弓鳃耙数，外侧 31～38，内侧 44～54，下咽齿 1 行，细长。鳔 2 室，前室短，柱形，后室细长，末端尖，其长度为前室长的 20～30 倍。肠管长，较粗，盘曲数次，其长度为体长的 29～44 倍。腹腔膜为黑灰色，其上有许多黑色斑点。

体侧扁，头后背部显著隆起，背鳍起点处为身体最高点，头腹面和胸腹部平坦，整个身体外形略呈三角形。头短小，锥形，头背缘隆起呈弧形。吻钝圆，微凸出，吻皮向前向下延伸。口小，下位，呈马蹄形，其位置与腹面平行。唇很厚富肉质，上唇与吻皮形成一条深沟，下唇向外翻出形成一肉褶，上、下唇具有许多排列规则的小乳突。无触须。眼稍小，位于头侧中轴上方，稍向外凸出。鼻孔在眼前方，离眼前缘很近。外侧鳃耙较长，最长鳃耙约为最长鳃丝的一半，呈三角形，排列紧密，内侧鳃耙较短。下咽齿较细，稍侧扁，末端钝，略弯曲呈钩状，排列呈木梳状，齿常有折断和脱落。背鳍较高，第一至二根分支鳍条最长，以后内凹较深，分支鳍条明显较短，最短鳍条长度不及最长鳍条的 1/2。其起点在胸鳍基部稍后上方，基部甚长，其长度大于标准长的 1/2，起点至吻端的距离远较至其基部后端为小。胸鳍较长，末端钝，后伸可达或超过腹鳍起点。腹鳍较长，末端钝，后伸不及肛门。臀鳍长，后缘平截，后伸可达或超过尾鳍基部。尾鳍叉形，分叉较浅。尾柄短而细。肛门紧靠臀鳍起点。性成熟个体有明显的生殖突。侧线鳞片较大，侧线完全，平直，从鳃孔上角直达尾柄中轴。胸、腹部鳞片较小，性成熟个体的头部和胸鳍及体侧与尾柄鳞片上有 1 白色珠星，雄鱼的珠星比雌鱼大而明显，非繁殖季节不易区分雌雄（丁瑞华，1994；陈兆，2005）。

• 习性与生活史

胭脂鱼为大型中、下层淡水鱼类。从胭脂鱼向下的嘴可以看出此鱼为底食性鱼类，主要以底栖无脊椎动物和水底泥渣中的有机物质为食，也食一些高等植物碎屑和藻类。胭脂鱼的幼、成鱼形态不同，生态习性也不相同。通常需求的生境，鱼苗和幼鱼阶段常喜欢群集于水流较缓的砾石之间生活，多在水体上层活动，游动缓慢，半长成的鱼则习惯于栖息在湖泊和江的中下游，水体的中下层，活动迟缓，成鱼多生活于江河上游、水体的中下层，行动矫健（湖北省水生生物研究所鱼类研究室，1976；丁瑞华，1994）。

• 地理分布

胭脂鱼分布于长江水系，在长江干流及金沙江、岷江、沱江、赤水河、嘉陵江、乌江、清江、汉江等支流，洞庭湖、鄱阳湖等通江湖泊也可采集到胭脂鱼标本。历史上，闽江也分布有胭脂鱼，但现已绝迹。

• 保护措施与建议

2006 年国务院颁布《中国水生生物资源养护行动纲要》，将增殖放流和海洋牧场建设作为资源养护和水域生态保护的重要措施之一。胭脂鱼的人工增殖放流活动主要集中在安徽、湖北、重庆 3 省（市），分别由安徽无为小老海长江特种水产有限公司、湖北省水产良种试验站和重庆市万州区水产研究所承担（甘小平等，2011）。

重庆境内已有直接与胭脂鱼保护有关的自然保护区 3 个：一是北碚胭脂鱼自然保护区，这是一个专门为保护胭脂鱼等设立的区级自然保护区；二是长江上游珍稀特有鱼类国家级自然保护区，胭脂鱼是其主要保护对象之一；三是彭水乌江 - 长溪河鱼类自然保护区（甘小平等，2011）。

保护建议方面，加强人工增殖放流效果研究，人工放流的增殖方式是避免鱼类资源进一步减少并促进资源快速恢复与增殖最有效的途径之一。

可持续开发利用。由于胭脂鱼的独特和美丽、性情温和、生命力强、食性广泛，观赏鱼爱好者把合法人工繁殖的胭脂鱼列入观赏鱼品种，在保护野生种质资源的前提下，有效地开发了胭脂鱼的经济价值。

5.4.9 松江鲈 *Trachidermus fasciatus*

• 保护级别

国家二级重点保护野生动物（仅限野外种群）

● 分类地位

硬骨鱼纲 Osteichthyes 鲉形目 Scorpaeniformes 杜父鱼科 Cottidae

● 资源变动、濒危现状评价

松江鲈在 20 世纪 50 年代的年捕获量可达万斤，但随着栖息环境的破坏和高强度的捕捞，松江鲈的资源量锐减。

2017～2021 年，长江渔业资源与环境调查专项项目组仅在长江口水域监测到了松江鲈，共 81 尾。其中 2017 年未监测到；2018 年监测到 79 尾；大小比较均匀，推断为增殖放流个体；2019 年监测到 2 尾；2020 年未监测到。结果表明，松江鲈自然种群绝迹，已多年未见自然繁殖，在 2017～2021 年调查期间也未发现有自然繁殖的证据。在长江口发现的样本均为人工增殖放流个体。

● 濒危等级

《中国濒危动物红皮书》：濒危（EN）。

● 形态特征

松江鲈个体较小，体长一般为 12～17cm，体重不超过 150g。身体为长纺锤形，前方平扁，后部近圆筒形，向后渐细小而尖。背鳍 viii-19～20；臀鳍 17～18；胸鳍 17～18；腹鳍 i-4；尾鳍 11（分枝）。侧线孔约 37；鳃耙 0+8。体长 52.5～173mm。体长为体高的 4.7～6.5 倍，为头长的 2.6～3 倍。头大宽而平扁，棘和棱均为皮膜所覆盖；头长为吻长的 3.2～4.8 倍，为眼径的 5～9.6 倍。吻钝，有鼻棘。眼稍小，侧上位。眼间隔宽于或等于眼径。眼上棱、顶枕棱、眼后棱及眼下棱无棘。前后鼻孔有管状皮突。口大，前位。上颌较长，达眼后缘下方。上下颌、犁骨及腭骨牙绒状。犁骨牙群横连。前鳃盖骨 4 棘，上棘最大。主鳃盖骨有一纵棱。鳃孔大，侧位。鳃盖膜互连，且连峡部。第四鳃弓后无裂孔。假鳃发达。鳃耙粒状。无鳞。皮面有许多小凸起。侧线前端稍高。二背鳍微连，圆形；第一背鳍始于胸鳍基上方；第二背鳍基较长，不达尾鳍，与臀鳍相似。胸鳍侧下位，略达第二背鳍，下部鳍条不分枝。腹鳍胸位，达前背鳍中部。尾鳍圆截形。背侧黄褐色而有 4 条黑色横带纹；腹侧白色。眼周有黑色辐状纹。鳍淡黄色；第一背鳍有一大黑斑，其他有小黑点，臀鳍基常橘红色。鳃盖膜橙红色。在它的鳃孔前面，每边还各生有一个凹陷，与鳃孔形状相似，称为"假鳃"，它与真正的鳃孔颜色一样，所以看上去如同每边各有两个鳃孔，因此有"四鳃鲈鱼"的俗称（湖北省水生生物研究所鱼类研究室，1976）。

• 习性与生活史

松江鲈是一种生活于浅水底层的肉食性降海洄游性鱼类，常栖息在与海水相通的湖泊或河流中，对水质要求较高。在淡水中育肥，在海水中繁殖。日间潜伏，夜晚活动，其食物主要有原生动物、轮虫、枝角类、桡足类、水生昆虫、底栖动物、虾类和鱼类等。体长4cm 以下的幼鱼主要食枝角类，4cm 以上开始捕食小虾，更大的个体以中华小长臂虾和细足米虾为食，兼食小鱼（如虎鱼、棒花鱼、麦穗鱼等）。在天然水域中，松江鲈从仔鱼到成鱼只需要 1 年时间。其生长规律为前期长身、中期长骨、后期长肉（王武等，2001）。

松江鲈是河海洄游性鱼类。在松江等地区育肥的亲鱼于每年 11 月开始向河口洄游，再由河口移向浅海。洄游开始时，性腺尚未达成熟阶段，在洄游进入海水而逐渐成熟。降海洄游时雄鱼较早，雌鱼稍晚。一般雄鱼先达产卵场，钻入牡蛎壳堆成的洞穴中，等待雌鱼前来产卵。卵为黏性，相互黏结为块状，呈淡黄色、橘黄色或橘红色。产卵后雌鱼离去；雄鱼具有护卵习性，留守洞穴保护卵块，逗留一段时间后再游向近岸。松江鲈繁殖期不摄食，经过降海洄游与繁殖之后亲鱼非常瘦弱。繁殖后的亲鱼移向沿海近处索饵。26 天左右仔鱼出膜，刚孵出的仔鱼具有卵黄囊，运动能力较差，会静卧在水底。大约 14 天后，卵黄囊消失，幼鱼开始摄食外界食物，并逐步向近岸移动，在 4 月下旬至 6 月上旬鱼苗集中由海水游向淡水。幼鱼在淡水河流和湖泊中完成育肥（邵炳绪等，1980）。

• 地理分布

松江鲈在我国的淡水和浅海中分布很广，渤海、东海、黄海沿岸及通海河川江湖中均有分布，但以长江三角洲为主要分布区，特别以上海松江区所产的最为有名，所以称为松江鲈（潘连德等，2010；王金秋等，2001）。

在国外，见于朝鲜半岛、日本和菲律宾等沿海海域，主要分布于朝鲜半岛南岸的西部和日本九州西部的福冈县、长崎县等。

• 利用情况

在众多科研工作者数十年的努力下，松江鲈的人工繁育技术取得成功，人工养殖技术日渐成熟。松江鲈已经实现工厂化养殖，并在市场推广，具有一定的经济价值和较好的市场前景。

• 保护措施与建议

2007 年 1 月 14 日，国家有关部门在文登市青龙河下游至埠口湾入海口成立了全国首家松江鲈自然保护区——文登市松江鲈鱼自然保护区，并在埠口建立了松江鲈鱼救治和驯养繁育研究中心。2008 年，在文登埠口建立了松江鲈鱼种质资源保护区，开展松江鲈的基础性研究，加强松江鲈栖息地的保护管理水平（杜昊，2009）。

水质污染和洄游通道的阻隔是松江鲈濒临灭绝的主要原因。松江鲈对水质要求高，20世纪 70 年代以来，人类活动导致松江鲈生活水域污染，破坏了松江鲈的育肥场；河道内大量修建的水利设施，阻隔了松江鲈生殖洄游的通道，使松江鲈在产前（下海亲鱼）、产中（产卵场）和产后（溯河）各个环节的生态条件遭到破坏。

针对松江鲈的保护，提倡进行松江鲈自然资源的就地保护及异地驯养研究；加强对松江鲈生物学和遗传学的基础研究及人工繁养殖技术的应用推广；坚持"在保护的前提下，合理利用"原则，在松江鲈全人工养殖技术尚未成熟时，不急于推广；开展松江鲈生存水域的污染治理工作，以满足松江鲈正常的生存需要；人工增殖放流是扩大松江鲈野生种群规模最快捷的有效途径。

5.4.10 稀有鮈鲫 *Gobiocypris rarus*

● 保护级别

国家二级重点保护野生动物（仅限野外种群）

● 分类地位

硬骨鱼纲 Osteichthyes 鲤形目 Cypriniformes 鲤科 Cyprinidae

● 资源变动、濒危现状评价

由于分布范围狭小，外加环境污染和人为干扰，稀有鮈鲫的自然资源量极其稀少，但是中国科学院水生生物研究所将它作为新的实验鱼类进行研究，全人工繁殖技术成熟，稀有鮈鲫的人工繁殖数量庞大。

● 濒危等级

《中国物种红色名录》：濒危（EN）；《中国濒危动物红皮书》：濒危（EN）。

● 形态特征

背鳍 iii-6～7；臀鳍 iii-6～7；胸鳍 i-12～14；腹鳍 i-7～8。沿体侧正中纵列鳞 31～33，侧线不完全，体前部 6～16 个鳞片具侧线孔，向后断断续续，可延伸到腹鳍之后；从背鳍起点到腹鳍起点横列鳞 8～9 排；背鳍前鳞 13～14；围尾柄鳞 12。第一鳃弓外侧鳃耙 5～6。脊椎骨 4+30。

体长为体高的 3.4～3.9 倍，为头长的 3.4～4.0 倍，为尾柄长的 5.0～6.5 倍，为尾柄高的 7.4～8.4 倍。头长为吻长的 3.4～4.0 倍，为眼径的 4.0～5.2 倍，为眼间距的 2.3～3.1 倍。尾柄长为尾柄高的 1.3～1.5 倍。

稀有鮈鲫是一种小型鱼类。体细长，稍侧扁，体高约等于头长。腹部圆，不具腹棱。吻钝。口端位，口裂较小，向下倾斜，向后不超过鼻孔前缘。上、下颌约等长，边缘平滑，不具相吻合的凸起和凹陷。无口须。眼中等大小，侧上位。眼径略小于吻长。眼后头长显著大于吻长。眼间宽平，眼间距大于吻长。体被圆鳞，侧线不完全，后端呈断续状，最长可超过腹鳍基部。背鳍短，无硬刺，起点约与腹鳍起点相对或稍后，距尾鳍基部的距离约等于或稍大于到眼前缘的距离。胸鳍末端圆钝，不达腹鳍。腹鳍末端不及肛门。肛门紧挨臀鳍起点之前。臀鳍起点显著在背鳍之后，鳍条不特别延长。尾鳍叉形，末端稍尖。

下咽骨弧形，较粗壮。下咽齿主行第一齿锥形，第二齿略呈截形，第三、四齿带有匙状咀嚼面，末端尖而略钩。鳃耙短小，稀疏。肠短，其长度稍小于体长。鳔 2 室，后室长约等于前室长的 2 倍。

体侧中部具有淡黄绿色纵行条纹，头顶及背部棕褐色，尾鳍基部有一黑色斑块（湖北省水生生物研究所鱼类研究室，1976）。

● 习性与生活史

稀有鮈鲫常栖息于半石、半泥沙的底质和多水草的小水体中，如稻田、沟渠、池塘、小河流等微流水环境，能在比较混浊的水体中生活，喜集群活动。主要以小型水生无脊椎动物为食。繁殖期较长，在 3～11 月均有繁殖行为。在适宜的水温和充足的饵料条件下，孵出后 4 个月左右即可达性成熟并产卵，一般每尾雌鱼一次可产卵 300 粒左右（王剑伟，1992）。

● 地理分布

稀有鮈鲫为中国特有种，仅发现于四川省汉源县大渡河支流的流沙河、岷江的柏条河和成都附近的一些小河流中（丁瑞华，1994）。

● 利用情况

稀有鮈鲫是一种小型鱼类，经济价值低，但因为稀有鮈鲫具有繁殖季节长、人工控制条件下可周年产卵、性成熟快、一年可望繁衍 3～4 代等优点，从 1990 年开始，中国科学院水生生物研究所便将它作为新的实验动物进行研究，具有很高的科研价值。"十二五"期间，我国陆续研究制定稀有鮈鲫实验动物质量和相关条件标准、检测技术标准与规范及多个毒性试验国家环保标准，建立清洁级种群和资源保存基地。作为一种标准化的鱼类实验动物，稀有鮈鲫将在化学品测试、毒理学、遗传学、疾病机理与药物筛选等领域中得到更为广泛的应用。

● 保护措施与建议

经过 20 多年的努力，中国科学院水生生物研究所已基本实现了稀有鮈鲫的实验动物标准化，完成了稀有鮈鲫实验动物系列标准研究及相关的技术规范。在种质资源建设方面，中国科学院水生生物研究所先后培育了稀有鮈鲫近交系（HAN 系）和封闭群（IHB 系），并建立了种质保存基地，向全国科研、检测机构提供实验用鱼或其种鱼。近年来，中国科学院水生生物研究所还完成了稀有鮈鲫全基因组测序工作，为进一步拓展该模式物种的应用奠定了基础。

5.4.11 圆口铜鱼 *Coreius guichenoti*

● **保护级别**

国家二级重点保护野生动物（仅限野外种群）

● **分类地位**

硬骨鱼纲 Osteichthyes 鲤形目 Cypriniformes 鲤科 Cyprinidae

● **资源变动、濒危现状评价**

在 20 世纪 80 年代之前，圆口铜鱼一直是长江中上游主要的经济鱼类。在长江中上游干流中，两种铜鱼（铜鱼和圆口铜鱼）的渔获量占比达到 1/3～2/3。80 年代水文条件的改变导致中游圆口铜鱼的资源量逐渐减少（熊飞等，2014）。

2017～2020 年长江渔业资源与环境调查专项项目组调查结果显示，宜昌以下的江段未捕获到圆口铜鱼；在长江上游金沙江段还残留有部分群体，但水文条件的改变严重影响了圆口铜鱼的自然繁殖，自然资源量锐减。圆口铜鱼已经从长江中上游干流主要经济鱼种，变为长江上游珍稀特有鱼类保护区指标性物种。

● **濒危等级**

《中国生物多样性红色名录》：极危（CR）。

● **形态特征**

背鳍 iii-7；臀鳍 iii-6；胸鳍 i-17～18；腹鳍 i-7。侧线鳞 56～58。鳃耙 11～13。咽齿

1 行，细长。

体长 73～425mm；体长为体高的 3.9～4.8 倍，为头长的 4.3～4.9 倍。体长形，前部圆筒状，后部侧扁。头小，较平扁。吻宽阔，眼极小。头长为吻长的 2.4～3 倍，为眼径的 9～13 倍。口下位，弧形，口宽大于头长的 1/4。唇厚，较粗糙，口角处有游离片，唇后沟中断处间距较宽。须 1 对，较粗长，末端可达胸鳍基部。鳃耙较短小。咽齿略侧扁，第一齿末端钩曲。鳞较小。背鳍起点前于腹鳍，近于吻端，无硬刺，外缘深凹，前部鳍条显著延长。胸鳍特长，上部数鳍条末端超过腹鳍基部。尾鳍叉形。鳔 2 室，幼体较完整，成年后逐渐退化。腹膜银白色带金黄色。体黄铜色，腹部白色带黄色，体侧呈肉红色，各鳍均多少带黄色，尾鳍金黄色而边缘黑色（丁瑞华，1994）。

● 习性与生活史

圆口铜鱼为底栖鱼类，栖息于湍急流水中，常在有岩洞、礁石的深潭中活动。杂食性，常见食物有软体动物、水生昆虫及植物碎屑等，偶有虾及小鱼。喜食鱼卵，尤其是鲟鱼卵。生长不快，3 冬龄鱼体长达 300～350mm。每年 3～4 月圆口铜鱼就集群摄食游动，2 龄以上的幼鱼群体开始溯水而上，进入水流较急的支流（如岷江、沱江）索饵育肥。7～8 月开始分批返回，至 9 月份几乎全部返回长江干流，寻找深处岩沱进行越冬。

圆口铜鱼发育缓慢，初次性成熟年龄为 3～4 龄；繁殖期较长，历时 3～4 个月，产卵时间为每年的 4～7 月；对外界水文条件变化的适应性较强，当水温适宜时，流速和水位变化均可刺激鱼类产卵排精。

圆口铜鱼是典型的河流洄游性鱼类，其整个生活均在河道中完成。性成熟的亲鱼每年 3～4 月会溯游到长江上游金沙江等支流中，寻找急流浅滩处产卵，4～7 月均有繁殖行为。圆口铜鱼产漂流性卵，鱼卵在随江水向下游漂流的过程中孵化，仔鱼会在长江中游宜昌江段等水流较缓的水域摄食生长，随着游泳能力的增强逐步向上游迁徙，直至发育到性成熟（程鹏，2008）。

● 地理分布

据历史文献记录，圆口铜鱼广泛分布于宜昌至宜宾的长江上游和金沙江中下游、嘉陵江中下游、沱江、岷江及乌江下游等水域。随着长江干流和各级支流梯级水电的开发，水利枢纽工程阻隔了生殖洄游通道，极大地压缩了圆口铜鱼的生存空间。目前，仅在金沙江中下游还有分布，其他江段几乎绝迹。

● 利用情况

历史上作为长江干流主要经济鱼，圆口铜鱼具有较好的市场前景。圆口铜鱼的人工驯养已经在中国科学院水生生物研究所获得成功，四川部分地区已经开始进行人工养殖。

● 保护措施与建议

20 世纪 90 年代，四川省在屏山至合江段建立了长江上游珍稀鱼类省级自然保护区。2005 年，因金沙江下游向家坝、溪洛渡水电站获准建设，保护区范围再次调整，上游端移至向家坝大坝下 1.5km 处，下游端延至重庆市马桑溪长江大桥，增加了整条赤水河和岷江河口段等相邻河段，保护区名称改为"长江上游珍稀特有鱼类国家级自然保护区"。

基于圆口铜鱼物种保护的紧迫性和严峻性，四川省农业科学院水产研究所、中国科学院水生生物研究所、中国水产科学研究院长江水产研究所、水利部中国科学院水工程生态研究所等各大研究机构纷纷聚焦于圆口铜鱼的抢救性保护工作。2014 年以来，长江水产研究所、宜昌三江渔业有限公司等多家科研单位相继突破技术瓶颈，亲鱼人工驯养成活率达到 85% 以上，连续 6 年成功实现圆口铜鱼人工繁殖。2020 年，长江水产研究所、宜昌三江渔业有限公司联合攻关圆口铜鱼规模化繁育技术取得成效，利用人工培育成熟的亲鱼繁殖出鱼苗 15 万尾以上。并以此为基础，于 2020 年在重庆市江津段和 2021 年在贵州省赤水段进行了两次规模较大的圆口铜鱼增殖放流活动（董纯等，2019）。

加强对野外现存圆口铜鱼的保护工作，通过生态调度等手段修复圆口铜鱼的产卵场；扩大增殖放流的规模，在进行增殖放流时，应提前做好亲鱼和放流仔鱼个体的遗传背景档案的建立，有助于更好地管理圆口铜鱼自然种群的遗传多样性；

加强对养殖圆口铜鱼线粒体 DNA 序列的检测，建立亲鱼和子代线粒体 DNA 基因库，便于采用来自不同谱系分支的亲鱼进行繁殖以确保养殖圆口铜鱼遗传多样性不降低，充分保存不同谱系分支的圆口铜鱼资源；加强圆口铜鱼的基础研究，如圆口铜鱼的性腺发育及调控技术、圆口铜鱼主要病害的防治等；提高苗种培育技术，完善人工繁殖鱼苗培育成亲鱼、实现全人工繁殖。

5.4.12　滇池金线鲃 *Sinocyclocheilus grahami*

● 保护级别

国家二级重点保护野生动物

● 分类地位

硬骨鱼纲 Osteichthyes 鲤形目 Cypriniformes 鲤科 Cyprinidae

● 资源变动、濒危现状评价

20 世纪 60 年代以后，捕捞力度的增加和人为活动的干扰（如围湖造田、水质污染和盲目引种）威胁了滇池金线鲃的生存，其种群数量急剧下降。

● 濒危等级

《世界自然保护联盟（IUCN）濒危物种红色名录》：极危（CR）；《中国濒危动物红皮书》：濒危（EN）。

● 形态特征

滇池金线鲃背鳍4+7；臀鳍3+5；胸鳍1+15；腹鳍1+8～9。鳃耙5～7。侧线鳞61，侧线上鳞21～25，侧线下鳞10～12。体长为体高的3.7～5.3倍，为头长的3.6～3.9倍，为尾柄长的4.3～5.3倍，为尾柄高的8.3～10.3倍。头长为吻长的2.8～3.3倍，为眼径的4.0～5.6倍，为眼间距的3.0～3.9倍，为口角须的2.2～4.1倍。体高为体宽的1.6～2.2倍。

体侧扁，头的背面较平直，中部稍下凹，头背交界处无显著背部隆起，背部轮廓随头部弧形延伸，最高点在背鳍前部。吻稍尖，向前凸出，吻皮盖于上唇基部。口次下位，上颌稍长于下颌。

头侧扁，吻钝圆。须2对，吻须与口角须等长或前者稍短，口角须向后伸接近眼后缘的下方。眼圆，中等大小。鳃孔大，鳃盖膜于峡部相连。鳃耙三角形，排列稀疏。

背鳍起点约位于吻端至尾鳍中点，后缘有锯齿。胸鳍起点位于鳃盖骨后缘正下方，鳍较短，不达腹鳍起点。腹鳍起点位于背鳍起点前，后伸不超过肛门。尾鳍分叉。

体被鳞，鳞细小，长圆形，多数鳞片隐于皮下。侧线完全，在胸鳍上方有弯曲。侧线鳞60～74，侧线鳞上的第一行体鳞95～106（丁瑞华，1994；闵锐等，2009）。

● 习性与生活史

滇池金线鲃栖息于水质清澈的湖泊中，生活于与湖泊相通的洞穴中，常游出洞外，是以小鱼、小虾、水生昆虫、浮游动物为食的杂食性鱼。一般2龄性成熟，全长120mm以上。性成熟个体雄性体型要大于雌性。雄性外形较瘦长，腹部平坦，有生殖突。雌性外形短而圆，腹部饱满，无生殖突，成熟个体生殖孔红润。在繁殖季节游至湖边有流水的溶洞中产卵孵化。天然水体中，在滇池金线鲃繁殖早期，雌性个体比雄性个体多，后期雄性个体增多。对滇池金线鲃的解剖观察表明，每年1月下旬至2月下旬为其繁殖时间（严晖等，2008）。

● 地理分布

滇池金线鲃分布于中国云南的滇池及其流域所在河流、溶洞、暗河（李维贤，2001）。

● 保护措施与建议

2000年起，中国科学院昆明动物研究所开始对滇池流域滇池金线鲃的数量、分布、栖息地、摄食生态及繁殖生态等进行广泛调查与研究，并从野外引种亲鱼，在中国科学院昆明动物研究所珍稀鱼类保育研究基地开展保护、繁殖、种群恢复和可持续利用等研究工作。

2007年滇池金线鲃首次突破人工繁殖。中国已具备年产千万滇池金线鲃鱼苗的能力，并最终实现了滇池金线鲃的人工增殖放流，2009年至2018年，已累计向滇池流域投放滇池金线鲃鱼苗 800 万余尾。

针对滇池金线鲃的保护应该加大保护滇池残存土著鱼种的重要意义的宣传力度，让全民参与到滇池金线鲃的保护工作中；做好滇池的治理工作，恢复原有的生态环境；设立保护站，配备专业的工作人员。

5.4.13 多斑金线鲃 *Sinocyclocheilus multipunctatus*

● 保护级别

国家二级重点保护野生动物

● 分类地位

硬骨鱼纲 Osteichthyes 鲤形目 Cypriniformes 鲤科 Cyprinidae

● 资源变动、濒危现状评价

2017～2021 年长江重点禁捕水域鱼类资源本底调查在乌江水系未采集到。

● 濒危等级

《中国濒危动物红皮书》：濒危（EN）。

● 形态特征

背鳍 iii-7～8；臀鳍 iii-5；胸鳍 i-15～18；腹鳍 ii-8～9。侧线鳞上的第一行鳞片 127～150。第一鳃弓外侧鳃耙 7～10。下咽齿 3 行，2·3·4-4·3·2。脊椎数 4+37。

体长为体高的 3.0～3.4 倍，为头长的 3.3～3.7 倍，为尾柄长的 4.8～5.3 倍，为尾柄高的 7.7～8.9 倍。头长为吻长的 2.7～3.4 倍，为眼径的 4.7～6.8 倍，为眼间距的 3.0～3.6 倍，为口角须的 1.9～4.9 倍。体高为体宽的 2.2～2.4 倍。

体延长而侧扁，头后背部隆起，背缘拱起呈弧形，最高点为胸鳍起点和腹鳍起点之间相对处，腹部圆。头中等大小，吻圆钝，稍向前凸出，口端位呈弧形；上颌与下颌约等长；唇稍肥厚，吻皮盖于上唇基部，上、下唇于口角处相连，唇后沟延伸至颏部，左右不相连。鼻孔位于眼的正前方，约在吻端与眼前缘中间。须 2 对，口角须长于吻须，后伸超过前主鳃盖骨后缘。眼中等大小，侧上位，近吻端，其上缘接触头背部轮廓线。体被鳞，鳞片较小，埋于皮下，排列不规则，背鳍前背部及胸腹部鳞片稀疏，背鳍和臀鳍基无鳞鞘，腹鳍基有皮褶质腋鳞，侧线鳞稍大，明显大于侧线上、下鳞。侧线完全，自鳃孔上角稍下弯，之后沿体轴平直伸入尾鳍基中央。

背鳍外缘稍内凹，末根不分支鳍条下部较硬，后缘具锯齿，尖部柔软分节，背鳍起点约位于吻端至尾鳍基部的中点。胸鳍起点位于鳃盖骨后缘下方，末端接近腹鳍起点。腹鳍起点在背鳍起点垂直下方之前，后伸不超过肛门。臀鳍起点位于腹鳍起点与尾鳍基部中间，紧接肛门之后。尾鳍叉形（乐佩琦等，2000；赵亚辉和张春光，2009）。

- **习性与生活史**

多斑金线鲃常栖息于河流岸边洞穴或岩石之间，以底栖无脊椎动物为食，亦食藻类。

- **地理分布**

多斑金线鲃分布于金沙江、乌江及柳江水系，以及贵州花溪、惠水、荔波等的河流中（乐佩琦等，2000；赵亚辉和张春光，2009）。

- **保护措施与建议**

开展人工繁殖研究，进行增殖放流；加大宣传力度，让全民参与到保护工作中；做好河流水环境的治理，恢复原有的生态环境；设立保护站，配备专业的工作人员。

5.4.14 乌蒙山金线鲃 *Sinocyclocheilus wumengshanensis*

- **保护级别**

国家二级重点保护野生动物

- **分类地位**

硬骨鱼纲 Osteichthyes 鲤形目 Cypriniformes 鲤科 Cyprinidae

- **资源变动、濒危现状评价**

由于生存环境的变化、人类活动影响等的因素，乌蒙山金线鲃种群数量一度减少，面临一定的生存危机。2017~2021 年长江重点禁捕水域鱼类资源本底调查在河源至金沙江未采集到。

● 濒危等级

《中国濒危动物红皮书》：濒危（EN）。

● 形态特征

背鳍 iii-7；臀鳍 iii-5；胸鳍 i-15~18；腹鳍 i-8~10。侧线鳞 $71\dfrac{30\sim36}{24\sim28}81$，围尾柄鳞 64~72。第一鳃弓外侧鳃耙 5。下咽齿 3 行，2·3·4-4·3·2。鳔 2 室。

体长为体高的 3.5~4.5 倍，为头长的 3.7~4.3 倍，为尾柄长的 4.3~5.4 倍，为尾柄高的 8.0~9.6 倍。头长为吻长的 3.0~3.3 倍，为眼径的 3.8~5.6 倍，为眼间距的 3.2~3.9 倍。尾柄长为尾柄高的 2.0~2.1 倍。

体延长而侧扁，头、背交界处向上隆起，背部轮廓自头部弧形向后延伸，身体最高点位于背鳍起点，之后至尾鳍基部高度明显下降；腹部轮廓呈弧形，从吻端至腹鳍起点下弯，之后逐渐向上，至臀鳍止点后平直延伸至尾鳍基部。头侧扁，吻端钝圆，吻端背部正中有一小凸起。鼻孔位于吻端至眼前缘的 1/2 处；前鼻孔圆，短管状；后鼻孔长椭圆形。口唇结构简单，唇薄；吻皮包于上唇基部，上唇边缘出露；上、下唇在口角处相连；唇后沟向前延伸至颏部，左右不相连。须 2 对，须较长，上颌须起点位于前鼻孔之前，后伸超过眼后缘；口角须后伸超过前鳃盖骨后缘。眼圆，中等大小。鳃孔大，鳃孔上角位于眼上缘的水平线下；鳃膜在峡部相连。体被鳞，多数隐于皮下，有腋鳞。侧线完全，起自鳃孔上角，在胸鳍上方弯曲，和缓后延至尾鳍基部，中段向下稍弯曲。

背鳍起点约位于吻端至尾鳍基部的中点；末根不分支鳍条下部较硬，向尖部逐渐柔软，后缘具锯齿。胸鳍较长，起点位于鳃盖骨后缘的垂直下方，后伸接近或达到腹鳍起点。腹鳍中等长，起点位于背鳍起点相对位置的前方，在胸鳍和臀鳍起点的中间，后伸达腹鳍起点和臀鳍起点的 2/3 处，不超过肛门。臀鳍起点大致位于腹鳍起点和尾鳍基部的中间，肛门紧邻臀鳍之前。尾鳍叉形（李维贤等，2003；赵亚辉和张春光，2009；张春光等，2019）。

● 习性与生活史

乌蒙山金线鲃散居于湖泊深水处，喜清泉流水，营半穴居生活。通常夜间到洞外觅食，主食浮游动物、小鱼、小虾和水生昆虫等，兼食少量丝状藻和高等植物碎屑。随鱼体的增长，其逐渐转为捕食小鱼和小虾。

● 地理分布

乌蒙山金线鲃分布于云南沾益德泽、宣威西泽，均属金沙江水系牛栏江上游（李维贤等，2003；张春光等，2019）。

• 保护措施与建议

保护牛栏江水系栖息地，通过对流域或河段的划区保护，为乌蒙山金线鲃提供足够的摄食场地、繁殖场、生长空间和庇护所。

开展人工繁殖研究，进行增殖放流；设立保护站，配备专业的工作人员，对栖息地水域进行实时监管。

5.4.15 细鳞裂腹鱼 *Schizothorax chongi*

• 保护等级

国家二级重点保护野生动物（仅限野外种群）

• 分类地位

硬骨鱼纲 Osteichthyes 鲤形目 Cypriniformes 鲤科 Cyprinidae

• 资源变动、濒危现状评价

近年来，自然水文情势的改变及区域内存在的过度捕捞的影响，在流水生境中栖息繁殖的细鳞裂腹鱼种群数量很可能已发生了明显变化（朱其广等，2021）。

• 濒危等级

《中国濒危动物红皮书》：濒危（EN）；《中国物种红色名录》：濒危（EN）。

• 形态特征

背鳍 iii-8；臀鳍 iii-5；胸鳍 i-17～20；腹鳍 i-9～10。侧线鳞 $92\frac{35～43}{28～33}106$。第一鳃弓外侧鳃耙 19～25，内侧鳃耙 28～36。下咽齿 3 行，2·3·5-5·3·2 或 2·3·4-4·3·2。鳔 2 室，后室长为前室长的 2.1～2.3 倍。腹膜黑色。脊椎骨 4+40～41+1。

体长为体高的 2.9～3.6 倍，为头长的 4.1～4.7 倍，为尾柄长的 5.8～7.4 倍，为尾柄高的 7.8～8.2 倍。头长为头高的 1.1～1.4 倍，为头宽的 1.5～1.8 倍，为吻长的 2.7～3.4 倍，为眼径的 3.4～5.5 倍，为眼间距的 2.5～3.1 倍，为吻须长的 3.4～6.1 倍，为口角须长的 3.5～6.5 倍。尾柄长为尾柄高的 1.1～1.4 倍。

体延长而侧扁，背部隆起，腹部圆。头呈锥形，吻端稍钝，向前凸出，口下位呈弧形；下颌前缘具锐利角质；下唇完整，呈弧形或新月形，表面具乳突；唇后沟连续，中央部分较浅。须 2 对，约等长，其长度约等于或稍长于眼径；吻须末端伸达口角须基部或眼球中部垂直下方，口角须末端伸达眼球后缘垂直下方。眼稍大，侧上位；眼间宽，稍圆凸。体被细鳞，自鳃峡之后胸腹部具明显鳞片，侧线鳞明显大于体鳞。侧线完全，近平直或在体前部稍下弯，延体侧后伸至尾柄正中。

背鳍外缘内凹，末根不分支鳍条较强，其后缘每侧有 11～32 枚明显锯齿；背鳍起点至吻端距离大于其至尾鳍基部的距离。胸鳍末端较尖，后伸不达腹鳍起点。腹鳍起点稍前或相对于背鳍起点，末端后伸不达肛门。臀鳍起点靠近肛门，末端后伸接近或达尾鳍基部。尾鳍叉形，下叶略长于上叶，两叶末端稍钝（丁瑞华，1994；乐佩琦等，2000；张春光等，2019；李正光和曹寿清，2014；湖北省水生生物研究所鱼类研究室，1976）。

● 习性与生活史

细鳞裂腹鱼为底栖性鱼类，栖息于溶解氧较高的急、缓流交界处，以河道弯曲处居多，喜逆水跳跃。多于夜间觅食，其口裂较宽，下颌前缘具锐利角质，以刮取石上的藻类为食（袁喜等，2012；李正光和曹寿清，2014）。

细鳞裂腹鱼有短距洄游现象，索饵场一般在水浅流急的砾石（卵石）滩；秋后（9～10 月）则向下游游动，在回水、微水流或流水的江河深水处或水下岩洞中越冬；春季性腺逐渐发育成熟且水温达到适宜温度后，即陆续开始向上游上溯，寻找其产卵场进行产卵，产卵场底质通常为砾石或卵石，繁殖活动在春季的 3～4 月开始，于 4～5 月大批集群产卵（袁喜等，2012；李正光和曹寿清，2014）。

● 地理分布

细鳞裂腹鱼为长江上游特有鱼类，主要分布于长江干流上游、金沙江中下游、雅砻江中下游、大渡河、岷江、嘉陵江、青衣江及乌江下游（丁瑞华，1994；乐佩琦等，2000；张春光等，2019；李正光和曹寿清，2014；湖北省水生生物研究所鱼类研究室，1976）。

● 利用情况

细鳞裂腹鱼是中国特有的重要冷水性经济鱼类，个体较大，肉质鲜美，营养丰富，在多个省份均有人工养殖，包括重庆、四川、云南和贵州等，具有一定的经济价值（段彪和刘鸿艳，2010；朱其广等，2021）。

● 保护措施与建议

20 世纪 90 年代，四川省在屏山至合江段建立了长江上游珍稀鱼类省级自然保护区。2000 年国务院批准建立"长江合江-雷波段珍稀鱼类国家级自然保护区"。2005 年，因金沙江下游向家坝、溪洛渡水电站获准建设，保护区范围再次调整，上游端移至向家坝大坝下 1.5km 处，下游端延至重庆市马桑溪长江大桥，增加了整条赤水河和岷江河口段等相邻河段，保护区名称改为"长江上游珍稀特有鱼类国家级自然保护区"。保护区覆盖细鳞裂腹鱼分布的金沙江下游、长江干流上游部分江段。

2005 年西南大学已成功突破细鳞裂腹鱼人工繁殖技术（陈礼强等，2007）。

保护建议方面，建设增殖放流站。每年向河流中投放一定数量的鱼苗，以补充细鳞裂腹鱼资源量。保护鱼类栖息地。近年来，随着梯级水电开发工程建设的陆续进行，水文状况发生了明显的变化，因此需通过干支流梯级调度，尽量保持这些江段在库区不同水位时均处于自然流水状况。在长江流域全面禁渔后，加强各调查区域的禁渔管理，在干流及每条重要支流建立禁渔管理队伍，对干支流重要水域进行实时监管（朱其广等，2021；杨青瑞等，2011；Li et al.，2011）。

5.4.16　重口裂腹鱼 *Schizothorax davidi*

● 保护级别

国家二级重点保护野生动物

● 分类地位

硬骨鱼纲 Osteichthyes 鲤形目 Cypriniformes 鲤科 Cyprinidae

● 资源变动、濒危现状评价

自 20 世纪 80 年代以来，过度捕捞使重口裂腹鱼年捕捞量锐减并呈小型化趋势，另外河道天然地貌的改变，淹没重口裂腹鱼产卵场并切断传统洄游路线，使这一传统本地鱼类资源逐步枯竭（彭淇等，2013）。

2017～2021 年长江重点禁捕水域鱼类资源本底调查在河源至金沙江、长江上游干流、沱江、嘉陵江及乌江未采集到，在岷江与大渡河采集到。

● 濒危等级

《中国生物多样性红色名录》：濒危（EN）。

● 形态特征

背鳍 iii-8；臀鳍 iii-5；胸鳍 i-17～20；腹鳍 i-9～10。侧线鳞 $96\frac{13\sim17}{17\sim23}106$。第一鳃弓外侧鳃耙 14～17，内侧鳃耙 21～26。下咽齿 3 行，2·3·5-5·3·2。鳔 2 室，后室长为前室长的 1.6～2.9 倍。腹膜黑色。脊椎骨 4+41～43+1。

体长为体高的 3.5～4.4 倍，为头长的 3.7～4.6 倍，为尾柄长的 5.7～8.4 倍，为尾柄高的 8.0～10.9 倍。头长为头高的 1.0～1.2 倍，为头宽的 1.8～2.1 倍，为吻长的 2.3～3.5 倍，为眼径的 3.9～7.4 倍，为眼间距的 2.5～3.9 倍，为吻须长的 2.9～4.7 倍，为口角须长的 2.8～4.5 倍。尾柄长为尾柄高的 1.1～1.7 倍。

体延长而侧扁，背部隆起，腹部圆。头呈锥形，吻端稍钝，吻皮下垂，仅盖住上颌前端的 1/2 左右，口下位呈弧形；下颌内侧角质较发达，角质前缘不锐利；下唇发达，分为左、中、右三叶，小个体中间叶明显，较大个体中间叶被左、右两下唇叶所掩盖，表面光滑或具纵行皱褶，无乳突；唇后沟连续。须 2 对，较粗，等长或口角须稍长，其长度均大于眼径；吻须末端伸达眼球前缘垂直下方，口角须末端伸达或超过眼球后缘垂直下方。体被细鳞，排列不整齐，自鳃峡后之胸腹部具有明显鳞片，大个体臀鳞较侧线鳞大，小个体臀鳞几乎与侧线鳞相等。侧线完全，近平直，后伸至尾柄之正中。

背鳍外缘内凹，末根不分支鳍条稍弱，较柔软，其后缘每侧具 8～20 枚明显锯齿；背鳍起点至吻端距离稍大于或等于其至尾鳍基部的距离。胸鳍外缘平截，末端后伸远不达腹鳍起点。腹鳍起点一般与背鳍第一分支鳍条之基部相对，少数与第二分支鳍条之基部相对，末端距肛门甚远。臀鳍起点接近肛门，末端后伸接近尾鳍基部。尾鳍叉形，上、下叶约等长，两叶末端稍钝（丁瑞华，1994；乐佩琦等，2000；湖北省水生生物研究所鱼类研究室，1976）。

习性与生活史 重口裂腹鱼属于喜冷性鱼类，一般生活于峡谷河流，常在底质为砂或砾石、水流湍急的环境中活动。秋后向下游动，移向河流的深潭或水下岩石中越冬。以动物性食物为主，吞食小型鱼类、虾、水生昆虫及其幼体，有时刮取石上的着生藻类为食（丁瑞华，1994；湖北省水生生物研究所鱼类研究室，1976）。

重口裂腹鱼雄鱼最小 4 龄达到性成熟，而雌鱼 6 龄以上方达到性成熟。产卵季节一般在 8～9 月，产卵于水流较急的砾石河床中（丁瑞华，1994；湖北省水生生物研究所鱼类研究室，1976）。

● 地理分布

重口裂腹鱼主要分布于长江上游干流、嘉陵江水系、岷江水系、金沙江干流，乌江、沱江水系（丁瑞华，1994；乐佩琦等，2000；湖北省水生生物研究所鱼类研究室，1976）。

● 利用情况

重口裂腹鱼肉质肥美，富含脂肪，营养价值高，一般个体为 1～2kg，最大个体可达 10kg。作为我国长江上游干流及支流流域特有的重要本土冷水性经济鱼类之一，具有重要的学术研究与经济价值，目前人工养殖已具一定规模（丁瑞华，1994；乐佩琦等，2000；湖北省水生生物研究所鱼类研究室，1976）。

● 保护措施与建议

甘肃省白水江重口裂腹鱼国家级水产种质资源保护区、永宁河特有鱼类国家级水产种质资源保护区、嘉陵江两当段特有鱼类国家级水产种质资源保护区、甘肃宕昌国家级水产种质资源保护区、白龙江特有鱼类国家级水产种质资源保护区的主要保护对象。

四川省龙潭河特有鱼类国家级水产种质资源保护区、清江河特有鱼类国家级水产种质资源保护区、焦家河重口裂腹鱼国家级水产种质资源保护区、平通河裂腹鱼类国家级水产种质资源保护区、阿拉沟高原冷水性鱼类省级水产种质资源保护区的主要保护对象。

广西大学已成功实现对重口裂腹鱼人工繁殖（彭淇等，2013）。

甘肃省冷水性鱼类种质资源与遗传育种重点实验室及青海大学三江源生态与高原农牧业国家重点实验室已完成重口裂腹鱼线粒体全基因组测序（Wang et al.，2016；Feng et al.，2019）。

保护建议方面：①通过对流域或河段的划区保护，为鱼类提供足够的摄食场地、繁殖场、生长空间和庇护所。②增殖放流。增殖放流是目前补充江河自然有效的手段之一，向重口裂腹鱼所分布的流域进行增殖放流能够有效恢复其自然种群数量。③加强科学研究。针对水资源开发对流域生态系统的影响，采用野外调查监测、实验生态学及模型分析等方法，开展梯级水库生态渔业利用规划及河流的生态功能与微生境改造技术等相关研究，以有效保护流域生态环境和鱼类资源（曹文宣，2022；何斌等，2021）。

5.4.17　厚唇裸重唇鱼 *Gymnodiptychus pachycheilus*

● 保护级别

国家二级重点保护野生动物（仅限野外种群）

● 分类地位

硬骨鱼纲 Osteichthyes 鲤形目 Cypriniformes 鲤科 Cyprinidae

● 资源变动、濒危现状评价

由于栖息地环境变化和过度捕捞等原因，加上其自身生长缓慢、性成熟晚等特性，厚唇裸重唇鱼资源遭到破坏，资源量急剧减少（王宏和王庆龙，2021）。

● 濒危等级

《中国物种红色名录》：濒危（EN）。

● 形态特征

背鳍 iii-8；臀鳍 iii-5；胸鳍 i-19～20；腹鳍 i-9～10。第一鳃弓外侧鳃耙 16～19，内侧鳃耙 24～26。下咽齿 2 行，3·4-4·3。鳔 2 室，后室长为前室长的 1.9～2.7 倍。腹膜黑色。脊椎骨 4+44～46。

体长为体高的 4.2～7.4 倍，为头长的 3.5～4.2 倍，为尾柄长的 4.7～7.9 倍，为尾柄高的 15.4～20.6 倍。头长为头高的 1.6～1.9 倍，为吻长的 2.4～3.4 倍，为眼径的 4.0～9.4 倍，为眼间距的 2.6～4.1 倍，为口角须长的 5.2～8.0 倍。尾柄长为尾柄高的 2.2～3.7 倍。

身体延长，呈筒形，稍侧扁，背部隆起，腹部平坦，尾柄细圆。头呈锥形，吻凸出，口下位，呈马蹄形；下颌无锐利角质边缘；唇发达，下唇表面具皱纹，分为左、右下唇叶，两下唇叶在前方相互连接，其未连接的后缘各自向内翻卷，无中间叶；唇后沟连续。口角须 1 对，较粗壮，长度稍大于眼径，末端后延超过眼球后缘垂直下方。眼稍小，侧上位；眼间距宽，略凸。体表大部分裸露无鳞，在胸鳍基部上方肩带部分有 2～4 行不规则的鳞片，腹鳍基部具腋鳞，肛门两侧具臀鳞。侧线完全，近平直纵贯体侧，或在胸鳍基部起点之后略下弯，后伸入尾柄之正中。

背鳍外缘平截，末根不分支鳍条柔软，其后缘光滑无锯齿；背鳍起点至吻端距离远小于其至尾鳍基部的距离。胸鳍后伸远不达腹鳍起点，长约为胸鳍起点至腹鳍起点之间距离的 1/2。腹鳍起点约与背鳍第七分支鳍条基部相对，其末端后伸接近肛门。肛门紧靠臀鳍起点，臀鳍末端不达尾鳍基部。尾鳍叉形，上叶略长于下叶，上叶末端稍尖，下叶末端圆钝（丁瑞华，1994；乐佩琦等，2000；张春光等，2019）。

● 习性与生活史

厚唇裸重唇鱼多栖息于高原宽谷河流中，水流湍急的河段较常见。主要以底栖昆虫的幼虫、桡足类、钩虾等为食，也摄食水生植物碎屑、藻类等（丁瑞华，1994；张春光等，2019）。

厚唇裸重唇鱼 4 龄左右性成熟，4～6 月溯河产卵（张春光等，2019）。

● 地理分布

厚唇裸重唇鱼分布于黄河干流四川段及其白河、黑河支流、雅砻江中上游、岷江上游、大渡河上游、嘉陵江上游（丁瑞华，1994；乐佩琦等，2000；张春光等，2019）。

● 利用情况

厚唇裸重唇鱼肉质细嫩、味道鲜美、营养丰富，是一种经济价值较高的冷水性鱼类（张春光等，2019）。

保护措施与建议

四川省阿拉沟高原冷水性鱼类省级水产种质资源保护区的主要保护对象。四川省农业科学院水产研究所、甘肃省水产科学研究所等已成功实现厚唇裸重唇鱼人工繁殖（周剑等，2013；虎永彪等，2014）。厚唇裸重唇鱼线粒体全基因组测序已完成（Chen et al.，2016；Feng et al.，2020）。

保护建议方面：增殖放流。每年向河流中投放一定数量的鱼苗，以补充厚唇裸重唇鱼资源量。保护鱼类栖息地。近年来，随着梯级水电开发工程建设的陆续进行，水文状况发生了明显的变化，因此需通过干支流梯级调度，尽量保持这些江段在库区不同水位时均处于自然流水状况。

5.4.18 湘西盲高原鳅 *Triplophysa xiangxiensis*

保护级别

国家二级重点保护野生动物

分类地位

硬骨鱼纲 Osteichthyes 鲤形目 Cypriniformes 鳅科 Cobitidae

资源变动、濒危现状评价

湘西盲高原鳅祖先可能源于偶然的地质变迁或灾害，被限制于某条地下河流或水系，与外界遗传物质的交流中断，群体遗传多样性降低，而其对环境改变的适应能力较低，对各种生态因子如温度、声音、光线和化学物质等的变化极为敏感，加之洞穴环境十分脆弱，人类对洞穴的各种开发，致使洞内外物质和能量交换，极易促进洞穴内生态环境的改变，进而威胁种群数量本来就较少的洞穴鱼类的生存，很多洞穴鱼类数量已大为减少甚至几乎绝迹（贺刚等，2008）。

● **濒危等级**

《世界自然保护联盟（IUCN）濒危物种红色名录》：易危（VU）。

● **形态特征**

湘西盲高原鳅个体裸露无鳞，在自然光照条件下，身体半透明显粉红色，可清晰观察到其内脏器官。眼窝为疏松的脂肪所充满，无眼，可见眼眶痕迹。全身的侧线孔明显，主要分布于头部和躯干部，连续无间断，头部侧线管分别与3对触须相连，向后延伸会合成一对粗侧线管，至躯干部再分成3对。第一对向下延伸至胸鳍，且从中间再次分支延伸至腹鳍；第二对向后延伸至尾鳍；最后一对向上延伸至背鳍。鼻瓣发达，凸出，呈卵圆形。须3对，其中颌须1对，吻须1对，另一对较短。口下位，弧形，上、下唇发达，边缘光滑，无任何乳状凸起。鳃膜连于峡部。鳃弓4对，鳃丝细密。背鳍无硬刺，其起点距吻端较距尾鳍基部为近。胸鳍平直，接近腹部，第一根分支鳍条延长，呈燕翅状，末端可超过臀鳍基部中点；第二、三根分支鳍条亦作延长，但不及第一根分支鳍条；其他分支鳍条不延长。腹鳍起点约与背鳍第二根鳍条相对，末端达臀鳍的起点。臀鳍起点至腹鳍基部与后端至尾鳍基部距离约等长。尾鳍浅分叉，两叶末端尖，尾柄上下均无软鳍褶。肛门靠近臀鳍起点（何力等，2006）。

● **习性与生活史**

湘西盲高原鳅是洞穴水体中特有的鱼类，其在洞穴水体中完成整个生命周期。洞穴水体温度一年四季较为稳定，一般在14℃左右，不需湘西盲高原鳅消耗过多的能量来适应温度变化，因此其在洞外环境中难以生存。其喜生活在地下洞穴底质砂砾、水质清澈、水流速慢的溪流中。

● **地理分布**

湘西盲高原鳅分布于湖南龙山县火岩乡多个溶洞的地下河中，该地下河属于沅江水系的支流酉水河（贺刚等，2010）。

● **保护措施与建议**

湘西盲高原鳅属于典型的洞穴鱼类，由于洞穴鱼类长期适应洞穴环境，对洞穴环境产生了较强的依赖性。而洞穴环境十分脆弱，对各种生态因子如温度、声音、光线和化学物质等的变化极为敏感，人类对洞穴的各种开发，加剧了洞内外物质和能量的交换，极易促进洞穴内生态环境的改变。湘西盲高原鳅分布于湖南龙山县火岩乡多个溶洞的地下河中，随着旅游业的不断开发，其种群减小以致最终消亡的风险也不断增加。因此在开发旅游业发展经济的同时，要有针对性地开展保护工作。首先，通过建设洞穴鱼类自然保护区，贯彻落实《中国水生生物资源养护行动纲要》，建立健全水生生物多样性和濒危物种保护体系，长远规划，实行全面保护与重点保护相结合的原则，用国家自然保护区的法律条文对洞穴珍稀水生生物种质资源和生态环境多样性依法进行保护。其次，要加大投入对其繁殖生物学的研究，通过人工饲养与驯化逐步实现人工保种（姚雁鸿，2012）。

5.4.19　昆明鲇 *Silurus mento*

● 保护级别

国家二级重点保护野生动物

● 分类地位

硬骨鱼纲 Osteichthyes 鲇形目 Siluriformes 鲇科 Siluridae

● 资源变动、濒危现状评价

　　昆明鲇原为滇池常见鱼类，为食用经济鱼类之一。由于滇池周边人口急骤增多，大量生活水泄入湖内，使湖水富营养化；另外工业废水注入湖中造成水质恶化，再则长期过度捕捞；同时，湖中引种带入一些其他鱼类等因素，使昆明鲇的种群数量急剧减少。自20世纪70年代以来已几乎绝迹。

● 濒危等级

　　《世界自然保护联盟（IUCN）濒危物种红色名录》：极危（CR）；《中国物种红色名录》：濒危（EN）；《中国濒危动物红皮书》：濒危（EN）。

● 形态特征

　　昆明鲇体长，背缘接近平直，前躯短，后躯长而侧扁。头宽钝，平扁。吻短，圆钝。口宽大，下颌较上颌长，后端约达眼前缘下方。上、下颌密生绒毛细齿；犁骨齿带中央不连续。须2对，上颌须至多伸达胸鳍基；下颌须细短约可达眼后缘。体无鳞。侧线侧中位。背鳍很小，起点约位于胸鳍起点至臀鳍起点的中点，背鳍条4～6；臀鳍基很长，与尾鳍几乎相连，仅有一缺刻相隔，臀鳍条61～73；胸鳍钝圆，胸鳍刺前缘粗糙；腹鳍小，左右鳍基紧靠，鳍条末端伸过臀鳍起点；尾鳍斜截或略凹，上叶较下叶稍长。头体背侧青灰色，有云状斑纹，腹部乳白色（褚新洛，1989）。

● 习性与生活史

　　昆明鲇喜生活于湖岸多水草处，白天隐于水底，晨昏活泼索食，为肉食性鱼类。

● 地理分布

　　昆明鲇为中国特有种，仅分布于云南省昆明滇池（褚新洛，1989）。

● 保护措施与建议

水域环境的保护与修复。加大对水域环境的保护，坚决执行禁渔期制度，加大珍稀濒危水生野生动物增殖放流的种类和数量，积极治理和恢复已受影响的水域环境，为水生生物的生存提供必要条件。

建立健全法律法规。水生生物法律法规为水生生物保护提供了法律依据。要积极争取各部门和全社会支持，加强渔业执法，严厉打击非法捕杀、贩卖、经营、走私等破坏水生生物资源的违法行为。同时，加强对外来物种的监管，严格控制外来物种的引入。

加强宣传。加强水生生物法律法规和保护知识的宣传，可以使群众了解水域环境和水生生物保护方面的知识，提高保护意识，进而从根源上杜绝破坏水域环境和乱捕滥猎水生生物现象的发生。

加大对水生生物多样性保育的研究。水生生物资源在我国生态安全格局中具有重要战略地位，保护水生生物资源及其生境是环境保护工作的重要任务。云南省对水生生物的研究相对较少，因此，急需加强对水生生物资源利用及管理方面的基础性研究，进而为资源保护、可持续利用、濒危物种专项救护、驯养繁殖、增殖放流及国家制定公约履约策略提供依据。

5.4.20 金氏鲱 *Liobagrus kingi*

● 保护级别

国家二级重点保护野生动物

● 分类地位

硬骨鱼纲 Osteichthyes 鲇形目 Siluriformes 钝头鮠科 Amblycipitidae

• 资源变动、濒危现状评价

在 20 世纪 60 年代以前较习见，但数量不多。近数十年来，由于人口急骤增多，生活及工业污水向湖内排放过多，湖水污染严重；另外，20 世纪 50 年代末至 70 年代初的大规模围湖造田，破坏了鱼类的生活及产卵环境等，使本种的数量明显减少，现已多年未再发现（陈小勇，2013）。

• 濒危等级

《世界自然保护联盟（IUCN）濒危物种红色名录》：濒危（EN）；《中国濒危动物红皮书濒危》：濒危（EN）。

• 形态特征

金氏𩾃背鳍起点至吻端约等于至脂鳍起点。脂鳍与尾鳍相连，中间有一缺刻。臀鳍平放不达尾鳍基。胸鳍刺内缘有锯齿。肛门距臀鳍起点较距腹鳍基为近。尾鳍圆形。体长形，后部侧扁。头部平扁，背缘很斜。吻不凸出。眼位背侧。口前位，口角达眼前缘下方。前鼻孔向前距吻端较近。鼻须不达鳃孔上角，颌须不达胸鳍基，后颌须略达胸鳍基，前颌须约等鼻须。前颌齿群互连，下颌齿群左右紧邻。无腭骨齿。鳃膜游离。肛门位腹臀鳍基间正中。身体裸露无鳞。无侧线。背鳍始于胸鳍中部上方。脂背鳍始于肛门上方略连尾鳍。胸鳍低圆，硬刺有锯齿。腹鳍始于背鳍基后方不达臀鳍。尾鳍圆截形。全身棕灰色有不规则小褐点。

• 习性与生活史

金氏𩾃为小型鱼类，喜流水，主食水生昆虫及小鱼、小虾等（丁瑞华，1994）。

• 地理分布

金氏𩾃分布于云南滇池（张春光等，2016）。

• 保护措施与建议

对金氏𩾃常态化监测资料的收集需进一步加强，以掌握其生物学、生态学尤其是物种丰富度等信息，从而有效评估其种群资源动态及其物种多样性；建立自然保护区，使金氏𩾃等濒危物种可以得到有效保护；建立金氏𩾃物种保存基因库，使其遗传信息得以保存，从而为物种的保护和恢复提供重要的遗传资源。渔政主管部门应加大宣传力度，提高人们的保护意识，在禁捕期杜绝偷捕、违法捕捞等行为。

5.4.21　青石爬𩾌 *Euchiloglanis davidi*

• 保护级别

国家二级重点保护野生动物

● 分类地位

硬骨鱼纲 Osteichthyes 鲇形目 Siluriformes 鮡科 Sisoridae

● 资源变动、濒危现状评价

大渡河流域一系列大型水利工程的修建，对该区域的生态环境造成了一定的影响，再加上过度捕捞，青石爬鮡的生存环境越来越差，野生资源量急剧下降（罗泉笙和钟明超，1990）。

● 濒危等级

《中国濒危动物红皮书》：极危（CR）；《中国物种红色名录》：濒危（EN）。

● 形态特征

青石爬鮡体延长，头平扁，头长约等于头宽。体后部侧扁。眼很小，居头中部的上方。口下位，横裂。上、下颌仅在口盖骨的前端有带状排列的齿，齿较粗。唇厚，肉质，其上有乳头状小凸起，上唇与下唇由皮膜相连，向口角两侧延伸，且与上颌须愈合。须4对，鼻须1对较短，其末端在小个体达眼前缘，大个体不达眼前缘。上颌须1对，末端达胸鳍基。下颌须2对，外侧须的长度约等于内侧须的2倍。鳃孔狭窄。背鳍无硬刺，其起点距吻端较距尾鳍基为近。脂鳍长而低。胸鳍圆形，基部发达，其末端在小个体可达腹鳍基部，大个体则接近腹鳍基部。胸、腹鳍第一根不分枝软鳍条十分粗大。臀鳍短，在脂鳍中部下方。尾鳍截形。肛门位于腹鳍基部与臀鳍起点的中央。体裸露无鳞。体背部和尾部黑褐色，腹部白色（冯建等，2009）。

● 习性与生活史

青石爬鮡通常生活于水流湍急，河床多砾石、块石的江河支流和山涧溪流中，以胸、腹鳍的腹面皱褶，吸附在砾石或石块上营底栖生活。食性以动物为主，主要摄食水生昆虫的幼虫、蚯蚓等，也食水生植物碎屑。繁殖季节在6～7月，繁殖水温在15～18℃，一次性产卵类型。青石爬鮡是生活于急流环境中的配对产卵鱼类，长期的自然演化，雌鱼选择体内的受精方式，既可以避免精子的分散并加以保护，又可以保证精卵的有效结合，以对抗急流对受精过程的影响。通常在溪边湾沱中的岩石缝或岩腔中生育，整体产出包括所有卵粒的椭圆形卵块，卵粒之间紧密地粘连在一起，但卵块无黏性。吸水后，卵球晶莹剔透，有弹性，卵径可达 7～8mm，卵球体积可增长 50% 以上。属沉性卵，卵块可随水漂流，遇静水则沉于水底（黄寄夔等，2003）。

● 地理分布

目前已知青石爬鳅分布于青衣江、岷江上游、金沙江、雅砻江和大渡河上游（郭宪光，2003）。

● 利用情况

青石爬鳅肉嫩味美，富含蛋白质和脂肪，经济价值十分可观（周永灿等，2003）。

● 保护措施与建议

实施就地保护。青石爬鳅由于人工繁殖尚未完全解决，自然种群衰退趋势仍在发展。要加强青石爬鳅自然种群的保护，首先要实施就地保护，保护生态环境，保护繁殖群体和补充群体，最大限度地实现自然繁殖，也为今后开展人工繁殖研究提供种源。

加大投入力度。开展青石爬鳅的人工繁育保护研究，青石爬鳅肉质鲜美，价格高昂，具有市场开发前景，是一个良好的鱼类品种。由于其特殊的繁殖习性，开展青石爬鳅的人工发育研究存在着很大的风险和不确定因素，短期内很难取得较大的成就。因此需要政府加大投入力度为保护青石爬鳅研究工作提供支撑。

继续加大宣传力度，严厉打击非法破坏渔业资源的行为，继续落实"十年禁渔"政策，加大执法监督力度，要根据相关法律法规，对破坏渔业资源的行为予以严惩（唐文家等，2011）。

5.4.22 四川白甲鱼 *Onychostoma angustistomata*

● 保护级别

国家二级重点保护野生动物

● 分类地位

硬骨鱼纲 Osteichthyes 鲤形目 Cypriniformes 鲤科 Cyprinidae

资源变动、濒危现状评价

四川白甲鱼肉质颇为鲜美，人们一向喜食此鱼。数量较少，而且个体已明显变小（陈先均等，2008）。

濒危等级

《中国脊椎动物红色名录》：濒危（EN）。

形态特征

背鳍 iv-8；胸鳍 i-15～16；腹鳍 i-8；臀鳍 iii-5。背鳍前鳞 17～18；侧线鳞 48～53。第一鳃弓外侧鳃耙 33～35。下咽齿 3 行，2·3·5-5·3·2。脊椎骨 4+43～44+1。鳔 2 室。腹腔膜为黑色。标准长为体高的 3.7～4.0 倍，为头长的 4.5～4.9 倍，为尾柄长的 5.5～6.3 倍，为尾柄高的 9.0～9.5 倍；头长为吻长的 2.6～2.8 倍，为眼径的 3.7～4.8 倍，为眼间距的 2.4～2.8 倍；口长为口宽的 2.6～2.9 倍。

体长，侧扁，腹部圆。头短，较宽，略呈锥形。吻钝，吻皮下垂盖住上唇基部和眶前骨分界处有明显的斜沟。口宽，较平直，呈横裂状。上颌后端可达鼻孔后缘的下方，下颌缘具锐利的角质边缘。唇后沟短，其间距宽。须 2 对，吻须短，颌须稍长。眼小，位于头侧上方。鼻孔稍靠近眼前缘。鳃膜在前鳃盖后缘下方连于鳃峡。鳃耙短小，排列紧密。下咽齿主行各齿末端略呈钩状。肠管长为体长的 4.0～5.0 倍。背鳍略短，外缘稍向内凹，最后一根不分支鳍条为一较弱的硬刺，后缘具锯齿。起点至吻端的距离较至尾鳍基部为近。胸鳍末端后伸不达腹鳍起点，相隔 7～8 个腹鳞。腹鳍起点位于背鳍起点之后，末端向后伸不达肛门。臀鳍较长，外缘平截，其起点紧靠近肛门，末端后伸不达尾鳍基部。尾鳍深分叉，末端稍尖。鳞片中等大，腹部鳞片比侧线鳞稍小，背鳍和臀鳍基部有鳞鞘，腹鳍基部具狭长的腋鳞，侧线完全，平直。

习性与生活史

四川白甲鱼为底栖性鱼类，喜生活于清澈而具有砾石的流水中。以着生藻类为主要食物，也喜食植物碎屑。繁殖季节在 4～5 月，常在急流浅滩上产卵，卵具有黏性，常附着在砾石上发育孵化（万松彤，2012）。

地理分布

四川白甲鱼主要分布于长江上游干支流，尤以金沙江、嘉陵江、岷江、大渡河和雅砻江中下游等水系分布较多（刘超和龙命雄，2018）。

利用情况

四川白甲鱼为长江上游一带中型食用鱼，其产量虽不如白甲鱼，但其肉质更佳，为产区人们日常喜食的鱼类之一。可以驯化作为池塘养殖对象，在水库中加以繁殖更是优良品种。研究证明，四川白甲鱼在水库网箱开展人工养殖是可行的，在人工养殖条件下，苗种期采用高蛋白的糊状饲料，幼鱼期采用容易摄食消化的膨化浮性饲料，能够保证有较快的生长速度及合理的养殖成本。经过分组试验，均能达到商品规格上市销售（万松彤，2010）。

● 保护措施与建议

开展长江上游重要经济鱼类的人工繁育技术研究。建设鱼类增殖放流站。每年向河流中投放一定数量的鱼苗，以补充鱼类资源量。保护鱼类栖息地。由于梯级水电站的陆续建设，长江上游的水文状况明显发生了变化，水温、流速等非生物环境因子严重影响了四川白甲鱼的生境，需加强渔政执法力度。在禁捕时期内杜绝偷捕、违法捕捞等（杨青瑞等，2011）。

5.4.23 多鳞白甲鱼 *Onychostoma macrolepis*

● 保护级别

国家二级重点保护野生动物（仅限野外种群）

● 分类地位

硬骨鱼纲 Osteichthyes 鲤形目 Cypriniformes 鲤科 Cyprinidae

● 资源变动、濒危现状评价

直至20世纪80年代，多鳞白甲鱼仍是陕西秦巴地区重要的野生鱼类资源。然而在之后的几十年间，由于环境恶化和当地渔民的过度捕捞，以及其他人为因素如工程建设、工业污染等的影响，多鳞白甲鱼栖息地受到极大破坏，活动空间被大幅压缩，在主要分布水域的野生多鳞白甲鱼数量急剧减少，原有优势种群濒临灭绝（张永胜，2023）。

● 濒危等级

《世界自然保护联盟（IUCN）濒危物种红色名录》：无危（LC）；《中国生物多样性红色名录：脊椎动物卷（2020）》：易危（VU）。

● 形态特征

背鳍 iii-8；胸鳍 i-16～17；腹鳍 i-9；臀鳍 iii-5。背鳍前鳞21～23，第一鳃弓外侧鳃耙 25～28。下咽齿 3 行。鳔 2 室，前室呈长椭圆形，后室细长，其长度约为前室长的 2.5 倍。肠管长为标准长的 3.0 倍左右。腹腔膜黑色。

体较细长，侧扁。背部稍隆起，腹部圆。头稍长。吻钝，吻皮下包盖住上颌边缘，仅露口角处上唇，与前眶骨交界处有一明显的裂沟。口下位，横裂，口角稍向后弯，口裂较宽。下颌裸露具锐利的角质前缘。下唇仅限于口角，唇后沟长接近于眼径的 1/2。须 2 对，极细小。鼻孔在眼的前上角，距眼前缘较吻端稍近。眼中等大，在头的中上方，其上缘与鳃孔上角成一水平线。鳃盖膜在前鳃盖骨后缘的下方连于峡部。

背鳍基部稍长，外缘稍向内凹，背鳍刺较软，其起点至吻端较至尾鳍基为近。成体胸鳍末端不达腹鳍起点，相隔 8 个鳞片。腹鳍起点在背鳍起点之后，约与背鳍第二根分支鳍条基部相对。臀鳍后缘略平截，尾鳍叉形，末端稍尖。体侧鳞片中等大小，胸部鳞片变小，埋在表皮下。在腹鳍基部外侧具有较大而狭长的腋鳞。生活时体背部灰黑色，腹部灰白色。体侧各鳞片后部具有新月形黑斑，背鳍和臀鳍各有一条橘红色斑纹。背鳍和尾鳍灰黑色，其余各鳍浅黄色带灰黑色。性成熟的雄鱼在吻部、臀鳍和尾柄上有较大的颗粒状白色珠星，身体后半部鳞片上也有较小的白色珠星。繁殖季节，雄鱼体色鲜艳，各鳍橘红色。成鱼体长 14～19cm，最长寿命约 20 年。

● 习性与生活史

多鳞白甲鱼生活于海拔 270～1500m、水质清澈、砂石底质的高山溪流中。常借山涧熔岩裂缝与溶洞的泉水越冬，10 月之后入泉越冬，翌年 4 月中旬出泉，出泉时间多集中在下半夜，出泉时头朝下、尾向外，集群而出，一般在 8～10 天内离开越冬处。生长速度缓慢，尤其是 10 龄之后。生存水温 4～26℃，低于 2℃时会被冻死，高于 28℃时会被热死，生长和生殖的最适水温为 18～24℃（丁瑞华，1994；陈苏维，2020）。

多鳞白甲鱼杂食性，主要摄食体壁较薄的水生昆虫（如摇蚊的幼虫或成虫、黑纹石蚕的幼虫或茧、石蚕的幼虫、黑蚂蚁）等无脊椎动物，也摄食藻类等。取食砾石表面的藻类时，先用下颌猛铲，然后翻转身体，把食饵吸入口中（苟妮娜等，2020；苟妮娜和王开锋，2021；李松等，2021）。雄鱼 3 龄、雌鱼 4 龄达性成熟，怀卵量 0.60 万～1.20 万粒，一次性产卵类型，产卵期在 4 月下旬至 7 月下旬。在砂砾底质的溪流中产卵，初排的卵子饱满游离，橙黄色或淡黄色，附着于砂砾上孵化（张君，2020）。

● 地理分布

多鳞白甲鱼在长江流域分布于嘉陵江、汉江、渠江、岷江、大宁河、任河、权河。

● 利用情况

目前多鳞白甲鱼的人工繁育已小有成效，繁育技术主要掌握在依托水电站建立的增殖放流站中。各增殖放流站每年均有相当规模的多鳞白甲鱼鱼苗孵出。

● 保护措施与建议

当前以多鳞白甲鱼为主要保护对象的保护区有嘉陵江两当段特有鱼类国家级水产种质资源保护区、堵河龙背湾段多鳞白甲鱼国家级水产种质资源保护区和玉泉河特有鱼类国家级水产种质资源保护区三个国家级水产种质资源保护区。建议在已有保护区内进行资源量调查，探明保护区内多鳞白甲鱼种群变化，积极开展人工保育工作，在保护区内进行人工增殖放流，恢复区内多鳞白甲鱼资源。多鳞白甲鱼的种质资源保护是首要问题。要根据长江上游水文条件，进一步调查和研究多鳞白甲鱼的生活、生长、繁殖场所，进一步深入其生物学、生态学研究，对其加以科学的保护。只有恰当的保护，才能保证资源的持续，才能为我们提供深入研究的物质基础，并进一步开展人工驯化、人工繁育和养殖。在保护中开发、在开发的过程中保护，形成保护与开发的良性循环。同时将自然保护和人工增养殖结合起来，只有这样才能真正实现对多鳞白甲鱼资源的保护。

5.4.24　金沙鲈鲤 *Percocypris pingi*

● 保护级别

国家二级重点保护野生动物（仅限野外物种）

● 分类地位

硬骨鱼纲 Osteichthyes 鲤形目 Cypriniformes 鲤科 Cyprinidae

● 资源变动、濒危现状评价

金沙鲈鲤在历史上产量较大，为产区经济鱼类。目前长江干流资源已濒临绝迹，支流资源量也显著下降（崔桂华和褚新洛，1990）。由于生态环境恶化，加上近年来的水利工程建设，以及围垦造田引起的环境变化、渔业资源的过度开发、水体的污染、盲目引进鱼类和渔业执法的不力等因素导致鲈鲤的野外种群已经急剧下降，当前人工养殖群体数量可观。

● 濒危等级

《世界自然保护联盟（IUCN）濒危物种红色名录》：近危（NT）。

● 形态特征

背鳍 iv-7～8；臀鳍 iii-5；胸鳍 i-15～18；腹鳍 ii-8～9。背鳍起点在腹鳍起点的稍后上方，外缘内凹，末根不分支鳍条后缘具锯齿，顶端柔软，分节光滑，离尾鳍基比离吻端近。臀鳍起点约在腹鳍起点至尾鳍基的中点，鳍条后伸不达尾鳍基。胸鳍条后伸末端不达腹鳍起点，相隔7～8个侧线鳞。腹鳍起点在背鳍起点的稍前下方，鳍条后伸末端不达臀鳍起点。臀鳍起点至腹鳍起点的距离较至尾鳍基部稍近。尾鳍深叉形，下叶略长于上叶。

体长形，侧扁，头背面较平，略呈弧形，头后背部稍隆起，显著高出头背部，口亚上位，下颌长于上颌。须2对，颌须较长于吻须，其末端后伸可达眼后缘下方，唇发达，较肥厚，上、下唇在口角处相连，唇后沟伸向前，不相互连接。眼略小，位于头侧上方。鼻孔在眼前缘上方，略靠近眼前缘。鳃耙短小，排列较紧密，最长鳃耙不及鳃丝长的1/3。下咽齿末端弯曲呈钩状，主行第一枚齿较第二枚齿短，相距稍远。

生活时背部青灰色，腹部灰白色，体上侧的鳞片基部有一黑斑构成间接的直行条纹。头的侧面和背部具较大黑斑。背鳍、胸鳍及尾鳍灰黑色，其余各鳍灰白色。

● 习性与生活史

鲈鲤为肉食性鱼类，幼鱼生活于支流或者干流沿岸较平静的浅水区，以食甲壳动物和昆虫为主；成鱼主要生活于开阔水面，是一种凶猛的肉食性鱼类，主要以其他鱼类的小鱼为食，如鳘类、鮈类和其他鱼类的幼鱼等。3冬龄可达性成熟，繁殖季节在5～6月，在急流中产卵，属沉性卵，具有微弱黏性，黏附于砾石上孵化，怀卵量一般为3万～8万粒。

● 地理分布

金沙鲈鲤分布于宜昌以上的长江干支流水域，宜昌以下少见，珠江水系西江流域的南盘江也有分布；大渡河、雅砻江、金沙江、岷江及其支流马边河及乌江等水系均有分布（詹会祥等，2016；向成权等，2017；曾如奎等，2017）。

● 利用情况

历史上产区产量大，为产区的经济鱼类，由于金沙鲈鲤的市价高，当前野外已少有报道，金沙鲈鲤人工繁育研究也已有较多报道，有较多基地可以批量生产鱼苗，金沙鲈鲤养殖周期一般为两年。其适应性强，抗病能力强，繁殖能力强，饵料易解决，驯食可行，易于推广养殖，极具开发养殖前景（曾如奎等，2017）。

● 保护措施与建议

当前以金沙鲈鲤为主要保护物种的水产种质资源保护区共有两处，分别为位于贵州省遵义市的芙蓉江特有鱼类国家级水产种质资源保护区和四川省甘孜藏族自治州的雅砻江鲈鲤长丝裂腹鱼省级水产种质资源保护区。

在最新调整的《国家重点保护野生动物名录》中金沙鲈鲤被列为国家二级重点保护野生动物，在《国家重点保护经济水生动植物名录（第一批）》中尚未将其列为保护物种。

建议在已有保护区内进行资源量调查，探明保护区内金沙鲈鲤种群变化，积极开展人工保育工作，在保护区内进行人工增殖放流，恢复区内金沙鲈鲤资源；在历史产区发展推广金沙鲈鲤的人工养殖及利用工作，以渔养鱼；积极开发金沙鲈鲤作为原生观赏鱼的潜质，发挥原生鱼更多的价值；渔政主管部门应加大宣传力度，提高人民群众的保护意识，使其做到不捕捞野生鱼、不食用野生鱼。

5.4.25 长薄鳅 *Leptobotia elongata*

● 保护级别

国家二级重点保护野生动物（仅限野外种群）

● 分类地位

硬骨鱼纲 Osteichthyes 鲤形目 Cypriniformes 鳅科 Cobitidae

● 资源变动、濒危现状评价

历史上长薄鳅在产区有一定的产量，2010～2011年长江上游攀枝花至万州江段长薄鳅年均渔获量为 6.02t，作为副渔获物仍占有相当一部分的渔获量。如今，长薄鳅的自然资源急速下降，长江上游渔获物中长薄鳅数量极少，长江中游更是难得一见（周湖海等，2020）。近年来渔业资源的过度开发、非法网具的使用、水体污染等原因导致长薄鳅的野外种群急剧下降，当前人工养殖亦不发达。

● 濒危等级

《世界自然保护联盟（IUCN）濒危物种红色名录》：易危（VU）；《中国濒危动物红皮书》：易危（VU）；《中国脊椎动物红色名录》：易危（VU）。

● 形态特征

背鳍 iv-8；胸鳍 i-12～14；腹鳍 i-8；臀鳍 iii-5。第一鳃弓内侧鳃耙 10～11。脊椎骨 4+35～36+1。鳔 2 室，前室发达，包于骨质囊中；后室小。胃长大，呈"U"形。肠管短粗，其长不及体长，绕成"Z"形。腹腔膜黄白色。

体延长，较高，侧扁，腹部圆。头长，其长度大于体高，侧扁，前端稍尖。吻短，前端较钝，稍侧扁。口下位，口裂呈马蹄形，上颌中央有一齿形凸起，下颌中央为一深缺刻。唇较厚，其上有褶皱。唇后沟中断，颏下无纽状凸起。具须 3 对，吻须 2 对，口角须 1 对，较粗长，后伸超过眼后缘下方。眼小，位于头的前半部。眼下刺粗短，不分叉，末端超过眼后缘，鼻孔靠近眼前缘，前鼻孔呈管状，后鼻孔大，前后鼻孔间有一皮褶。鳃孔较小，下角延伸到胸鳍前下方侧面。鳃膜在鳃孔下角与颊部相连，鳃耙短小，呈锥状凸起，排列稀疏。

背鳍短小，无硬刺，外缘微凹，其起点至吻端距离大于至尾鳍距离。胸鳍稍宽，末端尖，后伸达胸、腹鳍基距离的1/2处。腹鳍短小，末端后伸超过肛门，其起点与背鳍第二、三根分支鳍条基部相对。臀鳍短小，无硬刺，外缘平截，后伸不达尾鳍基部。尾鳍深分叉，上、下叶约等长，末端尖。尾柄较高，侧扁。肛门离臀鳍起点稍远，在腹、臀鳍起点的中部偏后方。鳞片细小，胸鳍和腹鳍基部有长形腋鳞。侧线完全，平直。

● 习性与生活史

长薄鳅是鳅科鱼类中最大的一种，常见个体重0.5～1.0kg，最大个体在2.0～3.0kg。历史上分布于长江干支流水域，在渔获物中占有一定比例，是产区的经济鱼类之一（丁瑞华，1994）。

长薄鳅属凶猛底栖鱼类，生活于水流较急的河滩处。幼鱼以小型无脊椎动物为食，有时也吃一些植物碎屑，以后食性逐渐转变为以肉食为主，主要摄食平鳍鳅、中华沙鳅、鮈类、鳘、鳜和鳑鲏等小型鱼类，也食虾类、水生昆虫成虫及幼虫（黄颖颖，2015）。

长薄鳅于每年4～6月繁殖。产卵地点在宜宾金沙江段。繁殖季节里成熟的雌雄鱼的区别是：雌鱼体型显得粗大些，腹部柔软、膨大，卵巢轮廓明显，生殖孔红肿凸出；雄鱼体型瘦长，腹部不膨大，生殖孔微红。长薄鳅为分批产卵鱼类，产无黏性的沉性卵（田辉伍等，2013；张君，2020）。

● 地理分布

长薄鳅分布于长江中上游及其支流，以及金沙江下游、岷江、嘉陵江、沱江、渠江和涪江等水系的中下游。在一些水流较急的支流也有分布。

● 利用情况

野生长薄鳅生长迅速，味道鲜美，富含多种维生素和微量元素，具有很高的经济价值。长薄鳅以其绚丽的体色和独一无二的花纹，曾夺得第三届世界观赏鱼博览会金奖，作为原生观赏鱼的潜力巨大。长薄鳅集观赏和食用价值于一身，是我国出口创汇的重要品种，在长江沿线建立了长薄鳅良种繁育基地，其驯养和人工繁育已取得一定成效，并能进行专业化生产和销售。目前国内主要是观赏鱼爱好者在养殖长薄鳅。

● 保护措施与建议

当前渠江岳池段长薄鳅大鳍鳠国家级水产种质资源保护区是一处以长薄鳅为主要保护对象的国家级水产种质资源保护区。

建议在已有保护区内进行资源量调查，探明保护区内长薄鳅种群变化，积极开展人工保育工作，在保护区内进行人工增殖放流，恢复区内长薄鳅资源；长薄鳅的种质资源保护是首要问题。要根据长江上游水文条件，进一步调查和研究长薄鳅的生活、生长、繁殖场所，进一步深入其生物学、生态学研究，对其加以科学保护。只有恰当的保护，才能保证资源的持续，才能为我们提供深入研究的物质基础，并进一步开展人工驯化、人工繁育和养殖。在保护中开发、在开发的过程中保护，形成保护与开发的良性循环。同时将自然保护和人工增养殖结合起来，只有这样才能真正实现对长薄鳅资源的保护。

5.4.26 红唇薄鳅 *Leptobotia rubrilabris*

● 保护级别

国家二级重点保护野生动物（仅限野外种群）

● 分类地位

硬骨鱼纲 Osteichthyes 鲤形目 Cypriniformes 鳅科 Cobitidae

● 资源变动、濒危现状评价

红唇薄鳅自然资源量不高，又因过度捕捞等原因，其资源量明显下降，一些有历史记载的分布区，如嘉陵江、乌江、沱江等现今已难觅其踪迹。

红唇薄鳅产漂流性卵，其受精胚胎需要一定长度的流水完成发育过程。当前长江上游干流、岷江和金沙江等是红唇薄鳅主要栖息地和产卵场，但随着各梯级水电站的开发，其栖息地和产卵场的环境受到破坏，加之环境污染、过度捕捞等原因，其天然资源量锐减（申绍祎等，2017）。

● 濒危等级

《世界自然保护联盟（IUCN）濒危物种红色名录》：濒危（EN）。

● 形态特征

背鳍 iv-8；胸鳍 i-13；腹鳍 i-8；臀鳍 ii-5。第一鳃弓内侧鳃耙 10。脊椎骨 4+35～37+1。鳔 2 室，前室发达，呈梨形，被包于骨鳔囊内；后室短小，呈泡状，仅为前室长的 1/2。胃呈 "U" 形。肠管粗短，弯曲成一个环。腹腔膜白色。

体延长，较高，侧扁，尾柄高而侧扁。头长，呈锥形。吻较长，前端尖，其长较眼后头长短，口小，下位，口裂呈马蹄形。上颌稍长于下颌，下颌边缘匙形。唇厚，有许多褶皱。颏部中央有一对较发达的纽状凸起。具须 3 对，吻须 2 对，聚生在吻端；口角须 1 对，稍粗长，后伸达眼前缘下方。眼小，位于头的前半部。眼下刺粗壮，光滑，末端超过眼后缘。鼻孔离眼前缘较近。鳃孔小，鳃膜在胸鳍基部前方与峡部相连。鳃耙粗短，排列稀疏。

背鳍较宽，外缘截形，无硬刺，起点至吻端距离大于至尾鳍基部距离。胸鳍稍长，末端圆钝，后伸可达胸、腹鳍基部的 1/2。腹鳍短小，外缘截形，起点与背鳍 2～3 根分支鳍条相对，末端常常超过肛门。臀鳍稍长，外缘稍内凹，末端后伸不达尾鳍基部。尾鳍长，深分叉，上、下叶等长，末端尖。肛门位于腹鳍基部后端与臀鳍起点的中点。

鳞片细小，腹鳍基部具有狭长腋鳞。侧线完全，平直，位于体侧中部。生活时身体基色为棕黄色带褐色，腹部黄白色，背部有 6～8 个不规则的棕黑色横斑，横斑略呈马鞍形，有时延伸至侧线上方，有时不明显，体侧有不规则的棕黑色大小斑点。头背面具许多不规则棕褐色斑点或连成条纹。背鳍上有 2 条棕黑色条纹。胸鳍外缘具 1 条浅棕黑色条纹。腹鳍上有 1～2 条浅棕黑色条纹。臀鳍上有 1 条棕黑色带纹。尾鳍上有 3～5 条不规则的斜行棕黑色短条纹（丁瑞华，1994）。

● 习性与生活史

红唇薄鳅主要分布于长江上游干流及岷江等水域，这些江段两岸地势较为平坦，处于四川盆地与云贵高原过渡区域，河流沿程水位落差较大、水流速度快、河道弯曲，综合水文情势复杂。从实地调查和胃含物分析结果看，红唇薄鳅主要栖息于河流敞水区中下层的多砂石区域，取食其中的底栖生物，喜藏匿，性成熟个体多集中至流态紊乱的水域或支流尤其是岷江中产卵，卵淡鲜黄色、黏性弱，卵产出后吸水膨胀，随水漂流发育（田辉伍等，2013）。

● 地理分布

红唇薄鳅分布于长江干流、岷江、嘉陵江、沱江、青衣江、大渡河。

● 利用情况

红唇薄鳅肉质细腻，味道鲜美，历史上在产区的渔获物中尚占一定比例，目前红唇薄鳅的资源量急剧衰退，国内主要是观赏鱼爱好者在养殖，红唇薄鳅的人工繁育尚未见报道（李金忠，2003）。

● 保护措施与建议

目前在长江流域尚未见专门保护红唇薄鳅的水产种质资源保护区，但红唇薄鳅作为长薄鳅等长江上游特有鱼类的伴生种，在长江上游的各水产种质资源保护区中会被附带保护。

5.4.27 长鳍吻鮈 *Rhinogobio ventralis*

● 保护级别

国家二级重点保护野生动物

● 分类地位

硬骨鱼纲 Osteichthyes 鲤形目 Cypriniformes 鲤科 Cyprinidae

● 资源变动、濒危现状评价

长鳍吻鮈是长江上游特有种，也是该江段重要的渔获对象。该物种为典型的流水性种类，产漂流性卵，对栖息生境面积要求较高（周启贵和何学福，1992）。在长江上游约600km 干流江段形成河谷型水库后，原来栖息于此的长鳍吻鮈等特有鱼类因其栖息生境大范围萎缩逐渐从库区消失（Park et al.，2003）。而水文条件的进一步改变加剧了这种影响（陈大庆等，2005）。随着坝下水文和水温条件的改变，坝下鱼类的繁殖活动也受到影响（段辛斌等，2015），长江上游长鳍吻鮈种群生存受到严重威胁（刘军等，2010）。

● 濒危等级

《中国脊椎动物红色名录》：濒危（EN）。

● 形态特征

背鳍 iii-7；胸鳍 i-15～17；腹鳍 i-7；臀鳍 iii-6。背鳍前鳞 14～16，围尾柄鳞 16。第一鳃弓外侧鳃耙 17～21。下咽齿 2 行。鳔 2 室，较小，前室较大，呈圆筒形，外被较厚的膜质囊，后室较长而细小。腹腔膜灰白色。

体延长，稍侧扁，腹部圆，头较短，略呈锥形。吻向前凸出，末端圆钝。口小，下位，呈马蹄形。唇厚，无乳突，唇后沟中断，其间相距较宽。口角须 1 对，短小，其长度稍比眼大。眼小，位于头侧上方，距鳃盖后缘较距吻端为近，眼间较宽，稍隆起。鼻孔稍近眼前缘。鳃膜连于鳃峡。鳃耙短小，排列稀疏。下咽齿主行前三枚齿末端稍呈钩状，其余末端圆钝。

背鳍稍长，无硬刺，外缘显著内凹，第一根分支鳍条显著延长，其长度大于头长，起点距吻端较距尾鳍基部为近。胸鳍长，外缘内凹，呈镰刀状，后伸可达或超过腹鳍起点。腹鳍起点位于背鳍起点之后，约与背鳍第二根分支鳍条相对，后伸其末端远超过肛门而到达臀鳍起点。臀鳍外缘内凹，其起点距腹鳍较距尾鳍基近。尾鳍深叉形，上、下叶等长，末端尖。尾柄长，侧扁。肛门距臀鳍起点较近。鳞片较小，胸部鳞片显著变小。侧线完全，较平直。

生活时体背部深灰色，略带浅棕色，腹部白色。背鳍和尾鳍为灰黑色。胸鳍、腹鳍和臀鳍淡黄色。

● 习性与生活史

长鳍吻鮈喜生活于河流底层，是一种小型鱼类。在一些江段常形成渔汛。生长较慢。主要摄食底栖动物，如摇蚊幼虫和水生昆虫的幼虫及一些藻类（丁瑞华，1994）。

长鳍吻鮈的非成熟个体和非繁殖季节的成熟个体从外形上不易区分雌雄。繁殖季节的雄鱼胸鳍上有白色粉状珠星，用手摸有粗糙感。长鳍吻鮈体型较小，喜在流水中生活，在春季涨水并伴有雷雨天气时，成熟雌雄个体集群在浅水滩上进行繁殖活动，产大量漂流性卵，受精后随水流漂流发育。长鳍吻鮈全年不停食，其丰满度和脂肪系数相对较高，可以保证在度过冬季后能较快进行繁殖（管敏等，2015；曲焕韬等，2016）。

● 地理分布

长鳍吻鮈分布于长江干流、岷江、沱江、嘉陵江、大渡河、金沙江（辛建峰等，2010；熊飞等，2016）。

● 利用情况

长鳍吻鮈的人工繁育鲜有报道，仅2013～2014年中华鲟研究所首次进行长鳍吻鮈的人工繁育并获得成功。

● 保护措施与建议

长鳍吻鮈已被列为国家二级重点保护野生动物，并且不分野外种群还是人工种群，目前在长江流域尚未见专门保护长鳍吻鮈的水产种质资源保护区，但长鳍吻鮈作为长江上游的特有物种，长江上游所设立的其他水产种质资源保护区或是自然保护区，依然会为长鳍吻鮈提供较好的保护。

5.4.28　鳡 *Luciobrama macrocephalus*

● 保护级别

国家二级重点保护野生动物

● 分类地位

硬骨鱼纲 Osteichthyes 鲤形目 Cypriniformes 鲤科 Cyprinidae

● 资源变动、濒危现状评价

近年来，由于过度捕捞、江湖阻隔影响鳡幼鱼进入湖泊生活与肥育，以及大江河中鱼类资源总体下降而使大型凶猛肉食鱼类的食物短缺等原因，鳡的种群个体数量显著减少，现已很难见到其个体。

● 濒危等级

《中国生物多样性红色名录》：极危（CR）。

● 形态特征

背鳍 iii-7～8；臀鳍 ii-9～11；胸鳍 i-15；腹鳍 i-8。背鳍前鳞 91～98，围尾柄鳞 36～40。第一鳃弓外侧鳃耙 7～12，下咽齿 1 行，细长。

体长为体高的 5.9～7.1 倍，为头长的 3.1～3.8 倍，为尾柄长的 6.5～9.5 倍，为尾柄高的 10.0～17.0 倍。头长为吻长的 4.1～5.8 倍，为眼径的 9.1～12.7 倍，为眼间距的 6.0～6.8 倍。尾柄长为尾柄高的 1.5～2.0 倍。

体延长，略呈圆筒状，后部略侧扁。头后背部平直，腹部圆，无腹棱。头前部向前延伸，平扁，呈鸭嘴状；眼后头部侧扁。口亚上位，下颌稍长于上颌，口裂稍向上倾斜。无须。鼻孔较小，距眼前缘很近。眼圆，位于头侧前上方，明显距吻端近；眼间距宽。第一鳃弓外侧鳃耙粗短，排列稀疏。下咽齿细长，呈圆柱状，齿端稍有弯曲。鳔 2 室，后室大于前室。腹膜白色。

背鳍较短，外缘平截，无硬刺，位于身体后部，至吻端较至尾鳍基部明显为远，其起点与腹鳍基部后方相对。胸鳍短小，末端尖，后伸远不达腹鳍起点。腹鳍短，外缘较圆，后伸远不达肛门。肛门紧邻臀鳍之前。臀鳍稍长，其起点在背鳍基部后下方。尾鳍分叉较深，上、下叶等长，叶端尖。

鳞片小。侧线完全，略呈弧形下弯。生活时，体背部深灰色，体侧及腹部银白色。背鳍和尾鳍灰色，胸鳍淡红色，腹鳍和臀鳍灰白色，尾鳍后缘黑色（湖北省水生生物研究所鱼类研究室，1976）。

● 习性与生活史

鳡为较大型肉食性凶猛经济鱼类，体长还不到 2cm 的幼鳡便能吞食其他鱼苗、小鱼；体长在 30cm 以下的鳡在水的中上层游弋，能敏捷地猎食其他鱼类；体长在 30cm 以上的鳡鱼逐渐转到中下层栖息和觅食，成鱼主要摄食鲤、鲫、鲹鲅等小型鱼类，以及青鱼、草鱼、鲢、鳙的幼鱼等。最大可长到 50kg 以上，生长迅速，喜在江河湖泊、水库等开敞水域活动，游泳能力强，迅速敏捷。有江湖洄游的习性，雄鱼的性成熟年龄比雌鱼早，雄鱼的性成熟年龄为 4 龄，雌鱼的性成熟年龄为 5 龄。繁殖季节在 4～7 月，成熟的亲鱼上溯到江河上游进行产卵，产漂流性卵，幼鱼至湖中育肥（湖北省水生生物研究所鱼类研究室，1976）。

- **地理分布**

鳡在长江干流和上游嘉陵江、岷江水系，以及洞庭湖和鄱阳湖等水系皆有分布（张春光等，2016）。

- **利用情况**

鳡为大型经济鱼类，长江里捕起的最大个体可达 50kg。因其仔鱼时期就大量吞食其他鱼苗，因而在养殖业上被列为必须予以清除的对象之一。

- **保护措施与建议**

鳡为汉江钟祥段鳊鲌鳡鱼国家级水产种质资源保护区、湘江衡阳段四大家鱼国家级水产种质资源保护区和西凉湖鳜鱼黄颡鱼国家级水产种质资源保护区的主要保护对象，其保护区覆盖面积分别为 43.2km^2、49km^2 和 80km^2。

5.4.29 岩原鲤 *Procypris rabaudi*

- **保护级别**

国家二级重点保护野生动物

- **分类地位**

硬骨鱼纲 Osteichthyes 鲤形目 Cypriniformes 鲤科 Cyprinidae

- **资源变动、濒危现状评价**

长江上游水文条件的变化对该区域的生态环境造成了影响，加之对野生种群的过度捕捞和水体污染，导致岩原鲤的天然资源量急剧下降。

- **濒危等级**

《中国生物多样性红色名录》：易危（VU）。

● 形态特征

背鳍 iv-16～21；臀鳍 iii-5～6；胸鳍 i-16；腹鳍 ii-8。侧线鳞 43～46；背鳍前鳞 12～14；围尾柄鳞 16～18。第一鳃弓外侧鳃耙 20～25。下咽齿 3 行，2·3·4-4·3·2。内侧 23～30；脊椎骨 35～39。

体长为头长的 3.8～5.2 倍，为体高的 2.5～3.2 倍，为尾柄长的 4.0～6.1 倍，为尾柄高的 6.1～7.8 倍。头长为吻长的 2.5～3.5 倍，为眼径的 3.0～6.9 倍，为眼间距的 2.0～3.0 倍，为尾柄长的 1.2～1.5 倍，为尾柄高的 1.5～2.0 倍。尾柄长为尾柄高的 1.0～1.4 倍。

体侧扁，背部隆起，腹部圆而平直。头短，近圆锥形，头背在鼻孔前方常凹陷。吻稍尖，吻长大于眼径，小于眼后头长。口次下位，深弧形，口裂末端位于鼻孔之前的下方。唇发达，具乳突（200mm 以上个体乳突显著，200mm 以下个体乳突则不显）；唇后沟中断。具须，吻须及口角须各 1 对，口角须略长于吻须。眼中等大小，侧上位；眼间宽而稍突；眼间距大于眼径。鳃盖膜在前鳃盖骨后缘的下方与峡部相连；峡部较宽。鳞片中大，峡部鳞小。侧线平直，向后伸达尾鳍基。

背鳍外缘平直，基部具鳞鞘，第四根不分支鳍条为硬刺，后缘具锯齿，端部柔软；背鳍起点至吻端的距离较至尾鳍基为近。臀鳍外缘平直，基部具鳞鞘，第三根不分支鳍条为后缘具锯齿的硬刺，较背鳍刺粗壮且长；臀鳍起点约与背鳍倒数第五、六根分支鳍条相对，鳍条末端不伸达尾鳍基。胸鳍尖形，末端一般可达腹鳍起点。腹鳍起点与背鳍起点相对，或稍有前后，末端伸达肛门。尾鳍叉形，末端尖，上、下叶约等长。

鳃耙短，呈披针形，排列较密。下咽骨中长，后臂稍弯，其长略短于前臂；咽齿近锥形，顶端稍钩曲。鳔 2 室，后室长于前室，为前室的 1.46～2.14 倍，后室随着个体的增长而增长，末端圆形。肠管长，盘曲多次，肠长为体长的 2 倍余。体腔膜银白色。

头及体深黑色，腹部银白色，鳍灰黑色，尾鳍后缘黑色。体侧每个鳞片基部有一黑斑，体侧有明显的纵行细黑色条纹 11～13 条。繁殖季节雄鱼头部具珠星，鳍深黑色（湖北省水生生物研究所鱼类研究室，1976；乐佩琦等，2000）。

习性与生活史 岩原鲤喜栖息在水流较缓的底层，故为底栖鱼类。冬季在河床深潭岩缝中越冬，立春则逆流而上到各支流产卵繁殖，繁殖季节为 2～4 月。最小性成熟年龄为 4 龄。体长 26cm 的雌鱼怀卵量为 2.7 万粒，体长 44cm 的则可达到 11.0 万粒。卵为淡黄色黏性卵，卵径 1.6～1.8mm，卵产出后黏附在石块上发育。生长速度缓慢，一般 4 龄鱼才达 0.5kg 左右。岩原鲤为杂食性鱼类，摄食底栖动物，如水生昆虫、壳菜、水生寡毛类等，也食植物碎屑等（张春光等，2019）。

● 地理分布

岩原鲤分布于长江中上游的湖北宜昌，四川南溪、乐山，重庆木洞、万州，贵州沿河、务川、乌江渡，以及金沙江、安宁河（张春光等，2016）。

● 利用情况

岩原鲤是一种中型鱼类，经济价值较高，因为它具有体腔小、肉质厚、味鲜美的优点，为人们所喜食。

● 保护措施与建议

岩原鲤为插江国家级水产种质资源保护区、大通江河岩原鲤国家级水产种质资源保护区、恩阳河中华鳖国家级水产种质资源保护区、嘉陵江岩原鲤中华倒刺鲃国家级水产种质资源保护区、后河特有鱼类国家级水产种质资源保护区和巴河岩原鲤华鲮国家级水产种质资源保护区的重点保护对象，其保护区覆盖面积分别为 5.79km²、9.795km²、7.65km²、14km²、8.4km² 和 12.78km²。

保护建议方面：①增殖放流。每年向河流中投放一定数量的鱼苗，以补充岩原鲤资源量。放流后要加强跟踪监测和效果评估，以调整放流数量、时间和地点，保证最佳放流增殖资源的效果。②种质资源和遗传多样性保护。在开展岩原鲤人工繁殖和养殖的同时需调查其野生种群的遗传背景，预先为其人工繁殖和遗传改良等研究提供基础资料，这将对天然资源的保护、人工繁殖和原种场建设中高品质亲鱼的选择等有重要意义。③栖息地生态修复。针对区域生态系统特点，在系统分析生境条件受损情况的基础上，提出通过改善水文条件、提高水系连通性、改造生境组成与结构、修建鱼坡鱼道等方式进行岩原鲤栖息地生态修复，从而促进工程建设与鱼类栖息地保护协调可持续发展。④加强水生野生动物保护科普宣传。加强水生生物法律法规和保护知识的宣传，可以使群众了解水域环境和水生生物保护方面的知识，进一步提高全社会对水生野生动物的保护意识，维护生物多样性，促进人与自然和谐发展。

5.4.30　小鲤 *Cyprinus micristius*

● 保护级别

国家二级重点保护野生动物

● 分类地位

硬骨鱼纲 Osteichthyes 鲤形目 Cypriniformes 鲤科 Cyprinidae

● 资源变动、濒危现状评价

历史上小鲤产量不高，繁殖率低，生长缓慢，在生存竞争中处于劣势，再加上滇池水位下降、水质污染、围湖造田、酷渔滥捕和引种不慎等诸多原因，导致小鲤种群数量急剧减少，近 20 年来未再见到其踪迹。

● 濒危等级

《世界自然保护联盟（IUCN）濒危物种红色名录》：极危（CR）；《中国生物多样性红色名录》：濒危（EN）；《中国濒危动物红皮书》：濒危（EN）。

● 形态特征

背鳍 iv-10；臀鳍 iii-5；胸鳍 i-13；腹鳍 i-8。侧线鳞 36，背鳍前鳞 15，围尾柄鳞 14。第一鳃弓外侧鳃耙 18。下咽齿 3 行，1·1·3-3·1·1。

体长为体高的 3.15～3.91 倍，为头长的 3.43～4.09 倍，为尾柄长的 4.60～5.28 倍，为尾柄高的 7.88～9.33 倍。头长为吻长的 2.65～3.78 倍，为眼径的 3.78～5.28 倍，为眼间距的 2.32～3.04 倍。尾柄长为尾柄高的 1.60～1.93 倍。

体呈纺锤形，侧扁，背部隆起，背鳍起点前为身体的最高点，腹缘平直。头锥形。吻端凸出，口端位，马蹄形，口裂稍斜，上、下颌近等长。唇发达，表面具微小乳突。须 2 对，较小，口角须后伸达到或略超过眼前缘的下方。鼻孔前方有凹陷。眼侧上位，上缘略低于或约与主鳃盖骨前角平齐，下缘水平线与口裂顶端平齐或略上。尾柄较高。

背鳍外缘微凹，至吻端大于至尾鳍基部的距离。胸鳍外角略圆，末端后伸近腹鳍起点，相隔 1～3 枚鳞片，幼体甚至可伸至腹鳍起点。腹鳍起点与背鳍起点相对或稍后，末端后延接近或达到肛门。臀鳍起点至腹鳍起点较至尾鳍基部为近。尾鳍分叉。肛门紧位于臀鳍起点之后。

鳞较大，腹鳍基部有腋鳞。侧线完全，稍倾斜平直，沿体侧伸至尾柄正中。鳃耙短，排列稀疏。下咽齿 3 行，主行第一枚齿呈光滑的圆锥形，较第二枚为大；其余为臼齿形，齿冠倾斜，有 1 道沟纹。鳔 2 室，后室长约为前室的 1.5 倍。腹膜浅黑色。

生活时，眼上部红色，头及头后背部青灰色，体侧及腹部淡黄色。背鳍和尾鳍灰绿色，其他各鳍边缘带黄色。固定保存的标本通体黑褐色（湖北省水生生物研究所鱼类研究室，1976；乐佩琦等，2000）。

● 习性与生活史

小鲤多栖息于水草较多的静水环境，为湖区中下层鱼类。小鲤是以动物性饵料为主的杂食性鱼类，主要以水生昆虫、小虾等为食。繁殖季节为 5～7 月，在湖区近岸泥沙底质处产卵。个体不大，一般体长为 120～160mm，体重为 250g。生长较慢。

● 地理分布

小鲤仅分布于云南滇池（张春光等，2016）。

● 保护措施与建议

加强渔政执法力度。在禁捕时期内杜绝偷捕、违法捕捞等。关注外来鱼类可能带来的生态影响。了解流域内外来鱼类种类数量、分布范围、种群结构、资源量、繁殖率及对同生态位及其他生态位的土著种会产生何种影响，采用及时干预的手段，严防外来鱼类生物入侵。开展常态化监测。对濒危鱼类资源常态的、持续的监测资料的收集需进一步加强，掌握濒危鱼类的生物学、生态学尤其是物种丰富度等信息，从而有效评估其种群资源动态及其物种多样性。

5.5 软体动物

5.5.1 绢丝丽蚌 *Lamprotula fibrosa*

● 保护级别

国家二级重点保护野生动物

● 分类地位

双壳纲 Bivalvia 蚌目 Unionoida 蚌科 Unionidae

● 资源变动、濒危现状评价

长期的过度捕捞、水体污染及栖息地被破坏等使绢丝丽蚌资源严重衰退。再加上该蚌生长缓慢，生活周期长，其种群自然恢复困难。

● 濒危等级

《世界自然保护联盟（IUCN）濒危物种红色名录》：无危（LC）。

● 形态特征

壳质厚而坚硬，整体外形呈卵圆形，壳前端小、膨胀，后端较宽。左右两壳稍不对称，壳顶凸出，位于壳背部前方，壳表面布满生长轮脉，瘤状结节零散分布在轮脉上，壳面棕褐色，有绢丝状光泽。壳内表面白色，前闭壳肌痕椭圆形，粗糙；后闭壳肌痕大而圆，光滑（刘月英，1979；吴小平，1998）。

• 习性与生活史

绢丝丽蚌栖息于泥底或沙泥底的湖泊及与其相通的河流中。其性腺发育在 9 月为成熟期，10 月进入排卵期，10 月至翌年 1 月中旬为繁殖期，最晚到 4 月。一年一个生殖周期，一次产卵类型。雌蚌以两片外鳃为育儿囊。钩介幼虫呈亚三角形，有壳钩和足丝，壳钩呈锚形，上有棘刺，壳表有浅的凹窝，食性主要以底层的浮游植物为食，其次为浮游动物和有机碎屑（朱子义等，1997；吴小平，1998；高攀，2004）。

• 地理分布

绢丝丽蚌为中国特有种，目前已知分布于长江中下游流域的湖泊及与其相通的河流内，在淮河（安徽）、浙江菱湖等部分水域也有报道（刘月英，1979；吴小平，1998；舒凤月，2009）。

• 利用情况

用绢丝丽蚌贝壳加工成的珠核、可溶性钙粉、珍珠粉、似珍珠项链、手链等饰品广销国内外。其贝壳也可作为中医珍珠母，肉可供食用，肉及壳粉可作为家禽及家畜的饲料。

• 保护措施与建议

加强对该物种栖息地的保护，并且不同物种往往共存，因此可在多个物种共存的区域建立专门的保护区，实行禁捕制度。另外，由于丽蚌属物种自然种群的分布范围较小，数量也较少，建议加强该类群的基础生物学和人工繁殖技术研究，进而通过增殖放流促进其种群数量的恢复。

5.5.2 背瘤丽蚌 *Lamprotula leai*

• 保护级别

国家二级重点保护野生动物

● 分类地位

双壳纲 Bivalvia 蚌目 Unionoida 蚌科 Unionidae

● 资源变动、濒危现状评价

自 19 世纪中期以来，背瘤丽蚌被大规模用于纽扣、珍珠制造等行业，长期的过度捕捞致使其资源严重衰退。此外，该蚌生长缓慢，生活周期长，再加上水体污染、栖息地被破坏等因素的影响，其种群难以自然恢复。

● 濒危等级

《世界自然保护联盟（IUCN）濒危物种红色名录》：无危（LC）。

● 形态特征

壳质厚而坚硬，外形呈椭圆形。贝壳两侧不对称，前部短而圆窄，后部长而扁。壳顶略膨胀，稍高于背缘之上，位于背缘最前端。壳面灰褐色，除前缘、腹缘和后缘外均布满瘤状结节。贝壳外形及光面瘤状结节变异很大，有的标本外形前端短圆或者较长、较宽，壳面瘤状结节少，排列分散，或者仅分布于背缘之下。贝壳内表面乳白色，前闭壳肌痕圆，深而粗糙，后闭壳肌痕较大，近三角形，浅而光滑（刘月英，1979；凌高，2006）。

● 习性与生活史

背瘤丽蚌喜栖息于水较深、有水流的河流及与其相通的湖泊内，底质较硬，上层为泥层，下为沙底、泥沙底或卵石底。冬季温度低时钻入泥中。背瘤丽蚌的繁殖期为 2 月中旬至 5 月，3～5 月初为妊娠高峰期，最晚至 6 月。背瘤丽蚌育儿囊为四鳃型，钩介幼虫侧面观为半椭圆形，无壳钩，具 4 对感觉毛。食性以微小生物及有机碎屑为主（刘月英，1979；徐亮等，2013）。

● 地理分布

背瘤丽蚌在我国分布广泛，北至黑龙江流域、南至广东、广西的水系均有报道，其中长江中下游流域及淮河流域的湖泊及与其相通的河流内数量较大（刘月英，1979；赵汝翼等，1979；吴小平，1998；舒凤月等，2014）。

● 利用情况

壳质厚、坚硬，为制造珠核、纽扣及工艺品的主要原料。贝壳也作为中医珍珠母，肉可供食用，肉及壳粉可作为家禽及家畜的饲料。

● 保护措施与建议

加强对背瘤丽蚌栖息地的保护，选择背瘤丽蚌资源丰富的地区建立专门保护区，或者与当地其他自然保护区联合进行保护。目前背瘤丽蚌人工繁育技术比较成熟，通过规模化人工育苗开展增殖放流，可进一步促进背瘤丽蚌自然种群的恢复；同时，加强科普宣传与培训，切实提高执法人员的执法管理能力和社会公众对背瘤丽蚌的认识及保护意识。

5.5.3 多瘤丽蚌 *Lamprotula polysticta*

● 保护级别

国家二级重点保护野生动物

● 分类地位

双壳纲 Bivalvia 蚌目 Unionoida 蚌科 Unionidae

● 资源变动、濒危现状评价

过度捕捞、水体污染、栖息地被破坏等因素致使多瘤丽蚌种群数量下降。再加上该蚌生长缓慢，生活周期长，其种群自然恢复困难。

● 濒危等级

《世界自然保护联盟（IUCN）濒危物种红色名录》：易危（VU）。

● 形态特征

壳质厚且坚硬，前端略膨胀，外形呈长椭圆形。贝壳两侧不对称，壳前端较短，后端圆而扁，壳顶位于背缘最前端，两壳的壳顶非常接近，壳面褐色，布满瘤状结节，稍具光泽，后背嵴具有弯曲而粗大的瘤状斜肋。壳内表面乳白色，外套痕明显，前闭壳肌痕深而粗糙，后闭壳肌痕浅而光滑，呈卵圆形（刘月英，1979）。

● 习性与生活史

有关多瘤丽蚌的生物学研究较少。该种繁殖周期为一年一次，10月至翌年1月中旬为繁殖期，最晚到4月。喜栖息于底质为泥底或沙泥底，底质较硬，水流较急或缓流的河流及湖泊内，以微小生物及有机碎屑为食。

● 地理分布

多瘤丽蚌为我国特有种，已知主要分布于长江中上游流域的洞庭湖、鄱阳湖及与其相通的河流湖泊内，在安徽、广西、浙江、江苏等地的部分水域也有报道（刘月英，1979；吴小平，1998；舒凤月等，2014；余青青，2021）。

● 利用情况

壳质厚，坚硬，可作为制作纽扣、珠核及工艺品的原料。贝壳也可作为中药珍珠母，肉可供食用，肉及壳粉可作为家禽及家畜的饲料。

● 保护措施与建议

多瘤丽蚌分布区相对较小，建议加强对该物种栖息地的保护；同时开展多瘤丽蚌的基础生物学和人工繁殖技术研究，从根本上实现对该物种的保护。

5.5.4　刻裂丽蚌 *Lamprotula scripta*

● 保护级别

国家二级重点保护野生动物

● 分类地位

双壳纲 Bivalvia 蚌目 Unionoida 蚌科 Unionidae

● 资源变动、濒危现状评价

长期的过度捕捞及水体污染、栖息地被破坏等因素致使刻裂丽蚌种群数量下降。再加上该蚌生长缓慢，生活周期长，其种群自然恢复困难。

● 濒危等级

《世界自然保护联盟（IUCN）濒危物种红色名录》：易危（VU）。

形态特征

贝壳中等大小，壳质厚而坚硬，贝壳两侧略膨胀，整体呈卵圆形。壳顶位于贝壳最前端，略膨胀，高出背缘之上，周围分布有一定数量的瘤状结节。壳面呈棕褐色，从壳的前端到后端可以清晰地观察地较大的生长轮脉，瘤状结节均匀地分布于其上。壳内表面呈白色，有光泽。壳内外套痕明显，前闭壳肌痕呈椭圆形，粗糙；后闭壳肌痕则相对光滑（吴小平，1998）。

习性与生活史

刻裂丽蚌栖息于水较深、水流较急或缓流的河流及与其相通的湖泊内，生境多底质较硬，上层为泥层，下为沙底、泥沙底或卵石底。繁殖周期为一年一次，10月至翌年1月中旬为繁殖期，最晚到4月。钩介幼虫呈亚三角形，具壳钩，壳钩呈锚形。

地理分布

刻裂丽蚌为我国特有种，目前已知主要分布于长江中游流域的洞庭湖、鄱阳湖及与其相通的河流湖泊内，在江苏太湖及安徽皖河、水阳江和淮河的部分水域也有报道（刘月英，1979；吴小平，1998；舒凤月等，2014；余青青，2021）。

利用情况

壳质厚、坚硬，为制造珠核、纽扣及工艺品的主要原料。贝壳也可作为中医珍珠母，肉可供食用，肉及壳粉可作为家禽及家畜的饲料。壳粉可作为奶牛催乳剂。

保护措施与建议

刻裂丽蚌与背瘤丽蚌、绢丝丽蚌栖息地类似，而且往往在很多区域共存，可在多个物种共存的区域建立专门的保护区，或者采取禁捕措施；另外，该物种自然种群数量较少，建议加强该物种的人工繁殖技术和规模化育苗技术研究，进而通过增殖放流促进其种群恢复。

5.5.5 龙骨蛏蚌 *Solenaia carinata*

保护级别

国家二级重点保护野生动物

分类地位

双壳纲 Bivalvia 蚌目 Unionoida 蚌科 Unionidae

资源变动、濒危现状评价

过度捕捞导致其种群严重衰退。

濒危等级

《世界自然保护联盟（IUCN）濒危物种红色名录》：易危（VU）。

形态特征

贝壳大型，长度可达 30～50cm。贝壳外形窄长，壳较厚。左、右两壳对称，壳前端较小，向后部逐渐扩大，后端呈截状并开口。壳顶低矮，不凸出于背缘之上，易被腐蚀。后背嵴呈明显的龙骨状凸起，斜达后缘中线的上部，后背缘末端直角下垂。壳面黑色，有粗大的生轮脉。壳内表面蓝白色，外套痕明显，前闭壳肌痕深，粗糙，形状不规则，后闭壳肌痕浅而大，呈椭圆形（刘月英，1979；吴小平，1998）。

习性与生活史 龙骨蛏蚌栖息于河道内或与湖泊相连的河口处，底质为淤泥或较硬的泥底，其外形窄长，生活方式独特，以尖细的前端插入泥底生活，终生不移动。龙骨蛏蚌的繁殖季节在 12 月至翌年 2 月，四片鳃中均具有育儿囊，钩介幼虫体型小且数量多，具明显的壳钩（曹艳玲等，2017；Cao et al.，2018）。

地理分布

龙骨蛏蚌分布范围较小，目前已知分布在江西鄱阳湖流域的修河、信江、赣江、抚河的下游河段及青岚湖部分水域，在安徽的皖河水系也有报道（刘月英，1979；吴小平，1998；肖晋志等，2012；熊六凤等，2011；张铭华等，2013；黄晓晨，2015；余青青，2021）。

利用情况

肉味鲜美，是人们极其喜爱的一种水产贝类。肉也可作为鱼类的天然饵料及家畜、家禽的饲料。

保护措施与建议

由于龙骨蛏蚌分布范围小，可在分布区内选择资源丰富的区域建立保护区，或者采取禁捕措施。同时，开展针对龙骨蛏蚌的长期系统监测和调查，对其分布、种群现状、物种生长情况及繁殖状况等进行持续调查与追踪。此外，开展龙骨蛏蚌的基础生物学研究，突破人工繁育技术和规模化育苗技术，这一方面可以有效保护该物种，另一方面也可促进其相关产业的发展，充分挖掘其经济价值。

5.5.6 中国淡水蛏 *Novaculina chinensis*

● 保护级别

国家二级重点保护野生动物

● 分类地位

双壳纲 Bivalvia 贫齿蛤目 Adapedonta 截蛏科 Solecurtidae

● 资源变动、濒危现状评价

长期的过度捕捞及水体污染、栖息地破坏等导致中国淡水蛏资源量锐减，数量恢复缓慢。

● 濒危等级

《世界自然保护联盟（IUCN）濒危物种红色名录》：易危（VU）。

● 形态特征

壳小型，壳质薄而脆，近长方形，两壳相等，其长度约为高度的3倍。背缘和腹缘平行，两壳闭合时，前后端有开口。壳顶略凸出于背缘之上，位于贝壳前端壳长的1/3处。壳表面黄褐色，布满细密的生长纹，于前后端形成皱褶。壳内无珍珠层，呈白色，前闭壳肌痕长三角形，后闭壳肌痕宽三角形。外套窦呈"U"形，分别与后闭壳肌痕和外套痕相连（刘月英，1979；舒凤月等，2013）。

● 习性与生活史

中国淡水蛏栖息于泥底或沙底的河流及湖泊内。利用足部掘穴居住，水管向上，当水位下降的干旱季节，河滩及湖滩干涸时，蛏即死去。它们主要以硅藻为食料。中国淡水蛏的繁殖季节是每年的2～4月，一年一个繁殖周期，雌雄异体，有雄性早熟的现象（饶小珍等，2003）。

● 地理分布

中国淡水蛏在我国分布广泛，最早记录于江苏的太湖和高邮湖，现广泛分布于长江中下游流域、淮河流域的湖泊及与其相通的河流内，在福建淘江、广东深圳河及浙江嘉善和德清等地也有报道（刘月英，1979；吴小平，1998；舒凤月等，2013；丁建华等，2013）。

● 利用情况

中国淡水蛏是一种重要的淡水经济贝类，味道鲜美，营养价值高，可鲜食，也可制成干品。在太湖、高邮湖和淘江，都是当地群众会捕捞的一种淡水小型经济贝类。

● 保护措施与建议

加强资源管理，在中国淡水蛏资源丰富的天然栖息地建立保护区，加强资源保护；同时制定合理的捕捞措施，限制捕捞量，并限制在繁殖季节滥捕资源，每年春节前后至清明前后，正是中国淡水蛏的成熟期和排卵期，此时也正是渔民大量采捕的时节，这势必严重影响来年的苗种量；此外，开展人工繁殖技术研究及增殖放流，可使该种资源得到更有效的保护和增殖（饶小珍等，2003）。

参 考 文 献

巴家文, 陈大庆. 2012. 三峡库区的入侵鱼类及库区蓄水对外来鱼类入侵的影响初探. 湖泊科学, 24(2): 185-189.

曹亮, 张鹗, 臧春鑫, 等. 2016. 通过红色名录评估研究中国内陆鱼类受威胁现状及其成因. 生物多样性, 24(5): 598-610.

曹文宣. 2000. 长江上游特有鱼类自然保护区的建设及相关问题的思考. 长江流域资源与环境, 9(2): 131-132.

曹文宣. 2022. 十年禁渔是长江大保护的重要举措. 水生生物学报, 46(1): 1.

曹艳玲, 吴小平, 欧阳珊. 2017. 龙骨蛏蚌消化管、外套膜和鳃的扫描电镜观察. 南昌大学学报 (理科版), 41(5): 499-503.

曾如奎, 严太明, 何智, 等. 2017. 鲈鲤人工繁殖初步研究. 水产科技情报, 44(2): 83-86.

常剑波. 1999. 长江中华鲟繁殖群体结构特征和数量变动趋势研究. 武汉: 中国科学院水生生物研究所博士学位论文 .

陈锤. 2005. 花鳗鲡的生态学特征与开发利用. 北京水产, (1): 54.

陈春娜. 2008. 我国胭脂鱼的研究进展. 水产科技情报, 35(4): 160-163.

陈大庆, 常剑波, 顾洪宾. 2005. 金沙江一期工程对保护区生态环境的影响与对策. 长江科学院院报, 22(2): 21-24.

陈大庆, 段辛斌, 刘绍平, 等. 2002. 长江渔业资源变动和管理对策. 水生生物学报, 26(6): 685-690.

陈礼强, 吴青, 郑曙明. 2007. 细鳞裂腹鱼人工繁殖研究. 淡水渔业, 37(5): 60-63.

陈苏维. 2020. 秦巴山区多鳞白甲鱼的年龄和生长研究. 江苏农业科学, 48(8): 179-184.

陈细华. 2007. 鲟形目鱼类生物学与资源现状. 北京: 海洋出版社 .

陈先均, 周剑, 李孟均. 2008. 白甲鱼生物学特征与繁殖技术初探. 江苏农业科学, (6): 222-223.

陈小勇. 2013. 云南鱼类名录. 动物学研究, 34(4): 281-343.

陈宜瑜, 曹文宣, 郑慈英. 1986. 珠江的鱼类区系及其动物地理区划的讨论. 水生生物学报, 10(3): 228-234.

陈银瑞, 杨君兴, 李再云 .1998. 云南鱼类多样性和面临的危机. 生物多样性, 6(4): 272-277.

陈宇顺. 2018. 长江流域的主要人类活动干扰、水生态系统健康与水生态保护. 三峡生态环境监测, 3(3): 66-73.

陈兆. 2005. 胭脂鱼的生物学特性及饲养技术. 渔业致富指南, (22): 40-43.

程鹏. 2008. 长江上游圆口铜鱼的生物学研究. 武汉: 华中农业大学硕士学位论文 .

褚新洛. 1989. 我国鲇形目鱼类的地理分布. 动物学研究, 10(3): 251-261.

崔桂华, 褚新洛. 1990. 鲤科鱼类鲈鲤的亚种分化和分布. 动物分类学报, (1): 118-123.

丁建华, 周立志, 邓道贵, 等. 2013. 淮河干流软体动物群落结构及其与环境因子的关系. 水生生物学报, 37(2): 367-375.

丁瑞华. 1994. 四川鱼类志. 成都: 四川科学技术出版社 .

董纯, 陈小娟, 万成炎, 等. 2019. 圆口铜鱼人工繁殖及胚胎发育研究. 水生态学杂志, 40(3): 115-119.

杜昊. 2009. 文登市松江鲈鱼自然保护区调查. 北京: 中国农业科学院硕士学位论文.

杜军, 赵刚, 龚全, 等. 2009. 达氏鲟亲鱼池塘人工培育试验. 西南农业学报, 22(3): 824-827.

段彪, 刘鸿艳. 2010. 细鳞裂腹鱼同工酶组织特异性研究. 西南大学学报 (自然科学版), 32(6): 27-30.

段辛斌, 田辉伍, 高天珩, 等. 2015. 金沙江一期工程蓄水前长江上游产漂流性卵鱼类产卵场现状. 长江流域资源与环境, 24(8): 1358-1365.

方冬冬, 邹远超, 危起伟. 2020. 多维视角下的水生野生动物保护与利用探析. 中国水产科学, 27(8): 980-1002.

冯建, 杨丹, 覃志彪, 等. 2009. 青石爬鮡血浆生化指标、血细胞分类与发生. 水产学报, 33(4): 581-589.

甘小平, 熊娟, 王志坚. 2011. 重庆市胭脂鱼资源及保护现状. 安徽农业科学, 39(10): 5909-5911.

高攀. 2004. 绢丝丽蚌钩介幼虫对 3 种宿主鱼高密度规模化寄生研究. 武汉: 华中农业大学硕士学位论文.

高祥云, 刘哲, 李勤慎, 等. 2014. 秦岭细鳞鲑胚胎和仔稚鱼发育研究. 甘肃农业大学学报, 49(5): 43-50, 57.

郜志云, 姚瑞华, 续衍雪, 等. 2018. 长江经济带生态环境保护修复的总体思考与谋划. 环境保护, 46(9): 13-17.

葛亚非. 2005. 钱塘江中下游鱼类资源及其增殖途径. 海洋渔业, 27(2): 164-168.

苟妮娜, 王开锋, 边坤. 2020. 秦巴山区多鳞白甲鱼食性的初步研究. 西北农业学报, 29(8): 1141-1147.

苟妮娜, 王开锋. 2021. 多鳞白甲鱼生物学与繁育技术研究进展. 水产学杂志, 34(1): 88-93.

管敏, 曲焕韬, 胡美洪, 等. 2015. 长鳍吻鮈人工繁育的初步研究. 水产科学, 34(5): 294-299.

桂建芳, 包振民, 张晓娟. 2016. 水产遗传育种与水产种业发展战略研究. 中国工程科学, 18(3): 8-14.

郭宪光. 2003. 中国鮡科鱼类分子系统发育和石爬鮡属物种有效性的研究. 重庆: 西南师范大学硕士学位论文.

郝雅宾, 刘金殿, 张爱菊, 等. 2019. 钱塘江水系兰溪段鱼类资源现状. 水产科学, 38(4): 555-562.

何斌, 颜涛, 黄颖颖, 等. 2021. 大渡河上游鱼类资源现状. 淡水渔业, 51(1): 38-45.

何海龙, 康萌. 2014. 黑龙江特产鱼类资源: 鲟鳇鱼开发利用与保护的探讨. 黑龙江水产, (5): 5-7.

何力, 王雪光, 陈清纯, 等. 2006. 湘西盲高原鳅的形态特征描述. 淡水渔业, 36(4): 56-58.

何舜平, 王伟, 陈宜瑜. 2000. 低等鲤科鱼类 RAPD 分析及系统发育研究. 水生生物学报, (2): 101-106.

何欣霞. 2018. 影响长江鱼类资源及鱼类生境的研究. 价值工程, 37(15): 287-288.

贺刚, 何力, 王伟萍, 等. 2010. 湘西盲高原鳅的研究现状与展望. 江西水产科技, (4): 2-6.

贺刚, 何力, 许映芳, 等. 2008. 湘西盲高原鳅种质特征的研究. 淡水渔业, 38(2): 64-67.

侯峰. 2009. 甘肃秦岭细鳞鲑保护生物学研究. 兰州: 西北师范大学硕士学位论文.

侯雁彬. 2001. 关于保护水生野生动物资源的探讨. 河北渔业, (1): 35-36.

湖北省水生生物研究所鱼类研究室. 1976. 长江鱼类. 北京: 科学出版社.

湖南省水产科学研究所. 1980. 湖南鱼类志. 长沙: 湖南科学技术出版社.

虎永彪, 张艳萍, 史小宁, 等. 2014. 厚唇裸重唇鱼人工繁殖技术. 中国水产, (8): 63-64.

华元渝, 张建, 章贤, 等. 1995. 白鱀豚种群现状, 致危因素及保护策略的研究. 长江流域资源与环境, 4(1): 45-51.

黄寄嵩, 杜军, 王春, 等. 2003. 石爬鮡属鱼类的繁殖生物学初步研究. 西昌农业高等专科学校学报, 17(3): 1-2.

黄硕琳, 王四维. 2020. 长江流域濒危水生野生动物保护现状及展望. 上海海洋大学学报, 29(1): 128-138.

黄晓晨. 2015. 中国蛏蚌属的父系与母系线粒体基因组全序列及淡水蚌类系统发育基因组学研究. 南昌: 南昌大学硕士学位论文.

黄颖颖. 2015. 长薄鳅种质资源保护技术与应用. 中国科技成果, 16(24): 43-44.

贾海滨, 黄富友, 邵晓阳. 2010. 钱塘江上游昌化溪鱼类多样性的时空格局. 杭州师范大学学报 (自然科学版), 9(3): 185-190.

简生龙. 2011. 青海水生野生生物资源现状及保护对策. 中国水产, (10): 22-23.

江建平, 谢锋. 2021. 中国生物多样性红色名录 脊椎动物: 两栖动物. 北京: 科学出版社.

姜明. 2024. 鲟形目鱼类系统发育格局及宏进化特征研究. 大连: 大连海洋大学硕士学位论文.

蒋文华. 2000. 半自然条件下群体江豚的养护与行为观察. 安徽大学学报 (自然科学版), 24(4): 106-111.

蒋志刚, 江建平, 王跃招, 等. 2016. 中国脊椎动物红色名录. 生物多样性, 24(5): 500-551.

蒋志刚. 2001. 野生动物的价值与生态服务功能. 生态学报, 21(11): 1909-1917.

雷伟, 李玉春. 2008. 水獭的研究与保护现状. 生物学杂志, 25(1): 47-50.

李金忠. 2003. 论长江野生观赏鱼的开发. 养殖与饲料, (7): 25-31.

李融. 2009. 中国鲟鱼养殖产业可持续发展研究. 青岛: 中国海洋大学博士学位论文.

李思忠. 1984. 中国鲑科鱼类地理分布的探讨. 动物学杂志, (1): 34-37.

李思忠. 2017. 黄河鱼类志. 青岛: 中国海洋大学出版社.

李松, 李宏, 张明建, 等. 2021. 清江河多鳞白甲鱼胚胎发育观察. 中国农业文摘: 农业工程, 33(2): 36-40.

李维贤, 卯卫宁, 卢宗民, 等. 2003. 中国金线鲃属鱼类二新种记述. 吉首大学学报 (自然科学版), 24(2): 63-65.

李维贤. 2001. 滇池流域滇池金线鲃及部分土著鱼种的残存分布. 吉首大学学报, (4): 72-74.

李正光, 曹寿清. 2014. 丽江鱼类. 昆明: 云南科技出版社.

林娟娟, 闵志勇. 2001. 花鳗鲡形态性状数理分析与解剖. 莆田高等专科学校学报, 8(1): 31-34.

林克杰. 1980. 白鱀豚的资源现状及其保护问题. 环境保护, (2): 16-18.

凌高. 2006. 背瘤丽蚌保护生物学初步研究. 南昌: 南昌大学硕士学位论文.

刘超, 龙命雄. 2018. 白甲鱼人工繁殖经验总结. 水产养殖, (11): 50-51.

刘飞, 林鹏程, 黎明政, 等. 2019. 长江流域鱼类资源现状与保护对策. 水生生物学报, 43(S1): 144-

156.

刘建康, 曹文宣. 1992. 长江流域的鱼类资源及其保护对策. 长江流域资源与环境, 1(1): 17-23.

刘军, 王剑伟, 苗志国, 等. 2010. 长江上游宜宾江段长鳍吻鮈种群资源量的估算. 长江流域资源与环境, 19(3): 276-280.

刘绍平, 陈大庆, 段辛斌, 等. 2002. 中国鲴鱼资源现状与保护对策. 水生生物学报, 26(6): 679-684.

刘月英. 1979. 中国经济动物志: 淡水软体动物. 北京: 科学出版社.

吕江, 杨立, 杨蕾, 等. 2018. 中国东北地区水獭种群潜在分布区的预测. 福建农林大学学报 (自然科学版), 47(4): 473-479.

罗泉笙, 钟明超. 1990. 青石爬鮡头骨形态的观察. 西南师范大学学报 (自然科学版), 15(2): 233-238.

马建章, 晁连成, 邹红非. 1995. 动物物种价值评价标准的研究. 野生动物, (2): 3-8.

马建章, 戎可, 程鲲. 2012. 中国生物多样性就地保护的研究与实践. 生物多样性, 20(5): 551-558.

闵锐, 叶莲, 陈小勇, 等. 2009. 滇池金线鲃形态度量学分析 (Cypriniformes: Cyprinidae). 动物学研究, 30(6): 707-712.

潘连德, 蔡飞, 马召腾, 等. 2010. 中国境内松江鲈鱼的种群特征以及资源保护. 水产科技情报, 37(5): 211-214.

彭淇, 吴彬, 陈斌, 等. 2013. 野生重口裂腹鱼 [Schizothorax (Racoma) davidi (Sauvage)] 的性腺发育观察与人工繁殖研究. 海洋与湖沼, 44(3): 651-655.

朴正吉. 2011. 长白山自然保护区水獭种群数量变动与资源保护. 水生态学杂志, 32(2): 115-120.

邱顺林, 林康生, 陈大庆. 1989. 长江鲴种群生长和繁殖特性的研究. 动物学报, 35(4): 399-408.

邱顺林, 刘绍平, 周瑞琼. 1987. 长江鲴繁殖生态调查报告. 淡水渔业, (6): 8-12.

曲焕韬, 郭文韬, 杨元金, 等. 2016. 长江干流长鳍吻鮈 (Rhinogobio ventralis) 繁殖生物学. 渔业科学进展, 37(1): 1-7.

饶小珍, 许友勤, 陈寅山, 等. 2003. 中国淡水蛏人工催产研究. 福建师范大学学报 (自然科学版), (3): 78-81.

任华, 蓝泽桥, 孙宏懋, 等. 2014. 达氏鲟生物学特性及人工繁殖技术研究. 江西水产科技, (3): 19-23.

任剑, 梁刚. 2004. 千河流域秦岭细鳞鲑资源调查报告. 陕西师范大学学报 (自然科学版), (S2): 165-168.

邵炳绪, 唐子英, 孙帼英, 等. 1980. 松江鲈鱼繁殖习性的调查研究. 水产学报, (1): 81-86, 125-126.

申绍祎, 田辉伍, 汪登强, 等. 2017. 长江上游特有鱼类红唇薄鳅线粒体控制区遗传多样性研究. 淡水渔业, 47(4): 83-90.

申志新, 唐文家, 李柯懋. 2005. 川陕哲罗鲑的生存危机与保护对策. 淡水渔业, 35(4): 25-28, 60.

盛强, 茹辉军, 李云峰, 等. 2019. 中国国家级水产种质资源保护区分布格局现状与分析. 水产学报, 43(1): 62-80.

施德亮, 危起伟, 孙庆亮, 等. 2012. 秦岭细鳞鲑早期发育观察. 中国水产科学, 19(4): 557-567.

舒凤月, 王海军, 崔永德, 等. 2014. 长江流域淡水软体动物物种多样性及其分布格局. 水生生物学报, 38(1): 19-26.

舒凤月, 朱庆超, 张念伟, 等. 2013. 微山湖发现中国淡水蛭. 动物学杂志, 48(2): 278-280.

舒凤月. 2009. 沼肺螺类的解剖学分类特征及中国淡水贝类的多样性格局. 武汉: 中国科学院水生生物研究所博士学位论文.

舒国成, 何忠萍, 郭鹏, 等. 2023. 长江流域水生两栖爬行动物多样性与保护. 水产学报, 47(2): 48-59.

四川省长江水产资源调查组. 1988. 长江鲟鱼类生物学及人工繁殖研究. 成都: 四川科学技术出版社.

孙大江, 张颖, 马国军. 2014. 鲟鱼子酱的生产与国际贸易概况. 水产学杂志, 27(1): 1-7.

孙勇, 林英华. 1996. 生物资源的价值. 野生动物, (3): 8-9.

孙长铭, 任陇矿, 张佑民, 等. 2004. 关山地区秦岭细鳞鲑资源现状及保护对策. 陕西水利, (6): 21-23.

谭细畅, 李跃飞, 赖子尼, 等. 2010. 西江肇庆段鱼苗群落结构组成及其周年变化研究. 水生态学杂志, 3(5): 27-31.

唐文家, 李柯懋, 陈燕琴, 等. 2011. 黄石爬鳅生物学特性及保护建议. 河北渔业, (6): 19-21.

田辉伍, 段辛斌, 熊星, 等. 2013. 长江上游长薄鳅生长和种群参数的估算. 长江流域资源与环境, (10): 1305-1312.

万松彤. 2010. 四川白甲鱼的网箱养殖试验. 渔业致富指南, (13): 58-59.

万松彤. 2012. 四川白甲鱼的活鱼运输试验. 渔业致富指南, (3): 68-69.

汪松, 解焱. 2009. 中国物种红色名录 (第二卷). 北京: 高等教育出版社.

汪松, 乐佩琦, 陈宜瑜. 1998. 中国濒危动物红皮书-鱼类. 北京: 科学出版社.

王宏, 王庆龙. 2021. 厚唇裸重唇鱼人工繁殖与苗种培育技术. 中国水产, (6): 66-68.

王剑伟. 1992. 稀有鮈鲫的繁殖生物学. 水生生物学报, 16(2): 165-174, 195.

王健民, 薛达元, 徐海根, 等. 2004. 遗传资源经济价值评价研究. 生态与农村环境学报, 20(1): 73-77.

王金秋, 成功, 唐作鹏. 2001. 鸭绿江流域中国境内松江鲈的分布. 复旦学报 (自然科学版), 40(5): 471-476.

王明祥, 张艳刚, 沙宝泉. 2017. 大鲵的人工繁殖技术研究与应用. 河北渔业, (12): 25-27.

王武, 刘利平, 毕永红. 2001. 松江鲈鱼 (Trachidermus fasciatus) 的研究进展. 水产科技情报, 28(3): 124-126, 129.

王乙. 2018. 野生动物保护价值评价研究. 哈尔滨: 东北林业大学博士学位论文.

危起伟, 陈细华, 杨德国, 等. 2005. 葛洲坝截流 24 年来中华鲟产卵群体结构的变化. 中国水产科学, 12(4): 452-457.

危起伟, 等. 2019. 中华鲟保护生物学. 北京: 科学出版社.

危起伟, 杜浩. 2014. 长江珍稀鱼类增殖放流技术手册. 北京: 科学出版社.

危起伟. 2003. 中华鲟繁殖行为生态学与资源评估. 武汉: 中国科学院水生生物研究所博士学位论文.

危起伟. 2020. 从中华鲟 (Acipenser sinensis) 生活史剖析其物种保护: 困境与突围. 湖泊科学, 32(5): 1297-1319.

吴金明, 王成友, 张书环, 等. 2017. 从连续到偶发: 中华鲟在葛洲坝下发生小规模自然繁殖. 中国水产科学, 24(3): 425-431.

吴金明, 杨焕超, 王成友, 等. 2015. 不同开口饵料对川陕哲罗鲑仔鱼生长和存活的影响. 四川动物, 34(5): 752-755.

吴小平. 1998. 长江中下游淡水贝类的研究. 武汉: 中国科学院水生生物研究所博士学位论文.

兀洁, 刘涛, 田强兵, 等. 2022. 陕西省秦岭细鳞鲑资源调查分析. 水产养殖, 43(1): 7-9.

向成权, 曾如奎, 邓龙军, 等. 2017. 鲈鲤繁殖及鱼苗培育技术. 江西水产科技, (4): 22, 24.

向浩. 2018. 达氏鲟 dmc1 和 ly75 基因的 cDNA 克隆及在精子生成中的表达分析. 武汉: 华中农业大学硕士学位论文.

肖晋志, 刘息冕, 刘益博, 等. 2012. 江西赣江中下游淡水双壳类分布与丰度. 长江流域资源与环境, 21(11): 1330-1335.

肖文, 张先锋. 2000. 截线抽样法用于鄱阳湖江豚种群数量研究初报. 生物多样性, 8(1): 106-111.

肖新平. 2018. 达氏鲟微卫星开发及其亲子鉴定应用效果评估. 武汉: 华中农业大学硕士学位论文.

谢大敬, 田应培, 陈东禹. 1981. 池养四龄长江鲟的人工催情试验及其精子活力的初步观察. 淡水渔业, (5): 14-17.

谢平. 2017. 长江的生物多样性危机: 水利工程是祸首, 酷渔乱捕是帮凶. 湖泊科学, 29(6): 1279-1299.

谢平. 2020. 长江及其生物多样性的前世今生. 武汉: 长江出版社.

谢庆. 2015. 中国野生动物保护协会曹良: 人工养殖是对野生资源最大的保护. 中国林业产业, (3): 44-47.

解崇友, 牛亚兵, 罗德怀, 等. 2018. 三峡库区重要支流鱼类多样性初探. 长江流域资源与环境, 27(12): 2747-2756.

辛建峰, 杨宇峰, 段中华, 等. 2010. 长江上游长鳍吻鮈的种群特征及其物种保护. 生态学杂志, 29(7): 1377-1381.

熊飞, 刘红艳, 段辛斌, 等. 2014. 长江上游江津和宜宾江段圆口铜鱼资源量估算. 动物学杂志, 49(6): 852-859.

熊飞, 刘红艳, 段辛斌, 等. 2016. 长江上游特有种长鳍吻鮈种群数量和资源利用评估. 生物多样性, 24(3): 304-312.

熊六凤, 欧阳珊, 陈堂华, 等. 2011. 鄱阳湖区淡水蚌类多样性格局. 南昌大学学报(理科版), 35(3): 288-295.

徐亮, 吴小平, 凌高, 等. 2013. 背瘤丽蚌繁殖特征及钩介幼虫形态. 南昌大学学报(理科版), 37(3): 262-266.

徐跑, 刘凯, 徐东坡, 等. 2017. 长江江豚的保护现状及研究展望. 科学养鱼, (5): 1-3.

严晖, 董文红, 杨瑞林, 等. 2008. 滇池金线鲃生物学特性研究. 水利渔业, 28(4): 80-82.

杨德国, 李绪兴. 1999. 秦岭湑水河太白段珍稀水生动物分布现状及保护对策. 中国水产科学, 6(3): 124-126.

杨德国, 危起伟, 陈细华, 等. 2007. 葛洲坝下游中华鲟产卵场的水文状况及其与繁殖活动的关系. 生态学报, 27(3): 862-869.

杨海乐, 沈丽, 何勇凤, 等. 2023. 长江水生生物资源与环境本底状况调查(2017—2021). 水产学报, 47(2): 1-28.

杨海乐, 危起伟. 2021. 论水生野生动物的主动保护与被动保护. 湖泊科学, 33(1): 1-10.

杨焕超, 杨晓鸽, 吴金明, 等. 2016. 川陕哲罗鲑个体的早期发育观察. 中国水产科学, 23(4): 759-770.

杨健, 陈佩薰. 1996. 湖北天鹅洲故道江豚的活动与行为. 水生生物学报, 20(1): 32-40.

杨青瑞, 陈求稳, 马徐发. 2011. 雅砻江下游鱼类资源调查及保护措施. 水生态学杂志, 32(3): 94-98.

姚明灿, 魏美才, 聂海燕. 2018. 中国有尾两栖类地理分布格局与扩散路线. 动物学杂志, 53(1): 1-16.

姚明灿. 2015. 中国两栖动物地理分布格局研究. 长沙: 中南林业科技大学硕士学位论文.

姚雁鸿. 2012. 湘西盲高原鳅遗传多样性与生理学研究. 武汉: 华中农业大学博士学位论文.

于道平, 董明利, 王江, 等. 2001. 湖口至南京段长江江豚种群现状评估. 兽类学报, 21(3): 174-179.

于晓东, 罗天宏, 伍玉明, 等. 2005. 长江流域两栖动物物种多样性的大尺度格局. 动物学研究, 26(6): 565-579.

余青青. 2021. 长江流域安徽段淡水双壳类动物多样性. 合肥: 安徽大学硕士学位论文.

余志堂, 邓中粦, 蔡明艳, 等. 1988. 葛洲坝下游胭脂鱼的繁殖生物学和人工繁殖初报. 水生生物学报, 12(1): 87-89.

余志堂, 许蕴玕, 邓中粦, 等. 1986. 葛洲坝水利枢纽下游中华鲟繁殖生态的研究 // 中国鱼类学会. 鱼类学论文集 (第五辑). 北京: 科学出版社: 1-16.

袁喜, 涂志英, 韩京成, 等. 2012. 流速对细鳞裂腹鱼游泳行为及能量消耗影响的研究. 水生生物学报, 36(2): 270-275.

乐佩琦, 等. 2000. 中国动物志硬骨鱼纲鲤形目 (下卷). 北京: 科学出版社.

詹会祥, 杨德国, 李正友, 等. 2016. 金沙鲈鲤人工繁殖技术研究. 水生态学杂志, 37(4): 84-88.

张春光, 杨君兴, 赵亚辉, 等. 2019. 金沙江流域鱼类. 北京: 科学出版社.

张春光, 赵亚辉, 等. 2016. 中国内陆鱼类物种与分布. 北京: 科学出版社.

张春光, 赵亚辉, 康景贵. 2000. 我国胭脂鱼资源现状及其资源恢复途径的探讨. 自然资源学报, 15(2): 155-159.

张春光, 赵亚辉. 2001. 长江胭脂鱼的洄游问题及水利工程对其资源的影响. 动物学报, 47(5): 518-521.

张鹗, 曹文宣. 2021. 中国生物多样性红色名录 脊椎动物: 淡水鱼类. 北京: 科学出版社.

张辉, 危起伟, 杨德国, 等. 2007. 葛洲坝下游中华鲟 (Acipenser sinensis) 产卵场地形分析. 生态学报, 27(10): 3945-3955.

张君. 2020. 长薄鳅的亲本驯养及人工繁育技术探究. 水产养殖, 41(10): 50-52.

张弥曼, 陈宜瑜, 张江永, 等. 2001. 鱼化石与沧桑巨变. 中国科学院院刊, 16(1): 39-43.

张铭华, 徐亮, 谢广龙, 等. 2013. 鄱阳湖流域淡水贝类物种多样性、分布与保护. 海洋科学, 37(8): 114-124.

张欧阳, 熊文, 丁洪亮. 2010. 长江流域水系连通特征及其影响因素分析. 人民长江, 41(1): 1-6.

张鹏. 2005. 现生两栖动物线粒体基因组进化生物学研究. 广州: 中山大学博士学位论文.

张先锋, 刘仁俊, 赵庆中. 1993. 长江中下游江豚种群现状评价. 兽类学报, 13(4): 260-270.

张迎秋, 黄稻田, 李新辉, 等. 2020. 西江鱼类群落结构和环境影响分析. 南方水产科学, 16(1): 42-52.

张永胜. 2023. 甘肃省主要水系鱼类资源现状和多鳞白甲鱼遗传多样性研究. 兰州: 西北师范大学硕士学位论文.

张照鹏, 董芳, 杜浩, 等. 2021. 长江中下游区增殖放流现状与对策研究. 淡水渔业, 51(6): 19-28.

赵汝翼, 程济民, 高士贤, 等. 1979. 一种重要的药用动物: 背瘤丽蚌在吉林省的发现. 吉林中医药, (4): 77-77.

赵亚辉, 张春光. 2009. 中国特有金线鲃属鱼类. 北京: 科学出版社.

中国科学院西北高原生物研究所. 1989. 青海经济动物志. 西宁: 青海人民出版社.

中华人民共和国农业农村部. 2019 保护长江水生生物资源禁渔为何一禁就是 10 年? http://www. moa.gov.cn/xw/bmdt/201910/t20191029_6330735.htm[2024-8-8].

周汉书. 1990. 钱塘江水利工程对鲥鱼的影响. 资源开发与保护, (1): 57-59.

周湖海, 李翀, 邓华堂, 等. 2020. 长江上游珍稀、特有鱼类种群动态现状及变化趋势分析. 淡水渔业, 50(6): 3-14.

周剑, 赖见生, 赵刚, 等. 2013. 厚唇裸重唇鱼人工繁殖方法: 201310449874.0.

周开亚, 杨光, 高安利, 等. 1998. 南京—湖口段长江江豚的种群数量和分布特点. 南京师大学报 (自然科学版), 21(2): 91-98.

周启贵, 何学福. 1992. 长鳍吻鮈生物学的初步研究. 淡水渔业, (5): 11-14.

周永灿, 刑玉娜, 冯全英. 2003. 鱼类血细胞研究进展. 海南大学学报 (自然科学版), 21(2): 171-176.

朱传亚. 2022. 长江流域水生生物保护区现状研究. 武汉: 华中农业大学硕士学位论文.

朱其广, 唐会元, 林晖, 等. 2021. 金沙江中下游细鳞裂腹鱼的年龄生长及种群动态. 水生态学杂志, 42(2): 56-63.

朱瑶. 2018. 三峡工程对长江江豚生境的影响及对策研究. 北京: 中国水利水电科学研究院博士学位论文.

朱子义, 龚世园, 张训蒲, 等. 1997. 绢丝丽蚌的繁殖习性研究. 华中农业大学学报, 16(4): 374-379.

Anoop K R, Hussain S A. 2004. Factors affecting habitat selection by smooth-coated otters (*Lutra perspicillata*) in Kerala, India. Journal of Zoology, 263(4): 417-423.

Cao Y L, Liu X J, Wu R W, et al. 2018. Conservation of the endangered freshwater mussel *Solenaia carinata* (Bivalvia, Unionidae) in China. Nature Conservation, 26: 33-53.

Chen C N, Li H, Huang Y Y, et al. 2016. The complete mitochondrial genome of *Gymnodiptychus pachycheilus* (Teleostei, Cyprinidae, Schizothoracinae). Mitochondrial DNA Part A, 27(1): 295-296.

Chen F, Xue G, Wang Y, et al. 2023. Evolution of the Yangtze River and its biodiversity. The Innovation, 4(3): 1-3.

Chen P, Hua Y. 1989. Distribution, population size and protection of *Lipotes vexillifer*. Gland: IUCN.

Cunningham A A, Turvey S T, Zhou F, et al. 2016. Development of the Chinese giant salamander *Andrias davidianus* farming industry in Shaanxi Province, China: Conservation threats and opportunities. Oryx, 50(2): 265-273.

Fang J Y, Wang Z H, Zhao S Q, et al. 2006. Biodiversity changes in the lakes of the central Yangtze. Frontiers in Ecology and the Environment, 4(7): 369-377.

Feng S, An Z F, Li Y, et al. 2020. Complete mitochondrial genome of *Gymnodiptychus pachycheilus weiheensis* (Teleostei: Cypriniformes: Cyprinidae). Mitochondrial DNA Part B-Resources, 5(2): 1815-1816.

Feng S, An Z F, Wang Y, et al. 2019. Complete mitochondrial genome of *Schizothorax davidi* (Teleostei: Cypriniformes: Cyprinidae). Mitochondrial DNA Part B, 4(2): 3210-3211.

Huang J, Mei Z, Chen M, et al. 2020. Population survey showing hope for population recovery of the critically endangered Yangtze finless porpoise. Biological Conservation, 241: 108315.

Jin B S, Winemiller K O, Ren W W, et al. 2022. Basin-scale approach needed for Yangtze River fisheries restoration. Fish and Fisheries, 23(4): 1009-1015.

Li F, Chan B P L. 2018. Past and present: the status and distribution of otters (Carnivora: Lutrinae) in China. Oryx, 52(4): 619-626.

Li J Y, Du H, Wu J M, et al. 2021. Foundation and prospects of wild population reconstruction of *Acipenser dabryanus*. Fishes, 6(4): 55.

Li R N, Chen Q W, Duan C. 2011. Ecological hydrograph based on *Schizothorax chongi* habitat conservation in the dewatered river channel between Jinping cascaded dams. Science China-Technological Sciences, 54: 54-63.

Mei Z, Zhang X, Huang S-L, et al. 2014. The Yangtze finless porpoise: On an accelerating path to extinction? Biological Conservation, 172: 117-123.

Pardini R, Trajano E. 1999. Use of Shelters by the Neotropical River Otter (*Lontra longicaudis*) in an Atlantic Forest Stream, Southeastern Brazil. Journal of Mammalogy, 80(2): 600-610.

Pardini R. 1998. Feeding ecology of the neotropical river otter *Lontra longicaudis* in an Atlantic Forest stream, south-eastern Brazil. Journal of Zoology, 245(4): 385-391.

Park Y S, Chang J, Lek S, et al. 2003. Conservation strategies for endemic fish species threatened by the Three Gorges Dam. Conservation Biology, 17(6): 1748-1758.

Prenda J, López-Nieves P, Bravo R. 2001. Conservation of otter (*Lutra lutra*) in a Mediterranean area: The importance of habitat quality and temporal variation in water availability. Aquatic Conservation: Marine and Freshwater Ecosystems, 11(5): 343-355.

Stendell R C, 邹红菲. 1998. 美国野生动物研究管理近五十年的变化与趋势. 野生动物, (6): 32.

Su G, Logez M, Xu J, et al. 2021. Human impacts on global freshwater fish biodiversity. Science, 371(6531): 835-838.

Taastrøm H-M, Jacobsen L. 1999. The diet of otters (*Lutra lutra* L.) in Danish freshwater habitats: comparisons of prey fish populations. Journal of Zoology, 248(1): 1-13.

Turvey S T, Pitman R L, Taylor B L, et al. 2007. First human-caused extinction of a cetacean species? Biology Letters, 3(5): 537-540.

Wang D. 2009. Population status, threats and conservation of the Yangtze finless porpoise. Chinese Science Bulletin, 54(19): 3473-3484.

Wang T, Jiao W L, Zhang Y P, et al. 2016. Sequence and organization of the complete mitochondrial genome of *Schizothorax davidi* (Teleostei: Cypriniformes: Cyprinidae). Mitochondrial DNA Part A, 27(6): 4106-4107.

Wu J M, Wei Q W, Du H, et al. 2014. Initial evaluation of the release programme for Dabry's sturgeon (*Acipenser dabryanus* Duméril, 1868) in the upper Yangtze river. Journal of Applied Ichthyology,

30(6): 1423-1427.

Zhang H, Jarić I, Roberts D L, et al. 2020a. Extinction of one of the world's largest freshwater fishes: Lessons for conserving the endangered Yangtze fauna. Science of the Total Environment, 710: 136242.

Zhang H, Kang M, Shen L, et al. 2020b. Rapid change in Yangtze fisheries and its implications for global freshwater ecosystem management. Fish and Fisheries, 21(3): 601-620.

Zhang H, Li J Y, Wu J M, et al. 2017. Ecological effects of the first dam on Yangtze main stream and future conservation recommendations: A review of the past 60 years. Applied Ecology and Environmental Research, 15(4): 2081-2097.

Zhang H, Wei Q W, Du H, et al. 2011. Present status and risk for extinction of the Dabry's sturgeon (*Acipenser dabryanus*) in the Yangtze River watershed: a concern for intensified rehabilitation needs. Journal of Applied Ichthyology, 27(2): 181-185.

Zhang K, Yang X D, Kattel G, et al. 2018a. Freshwater lake ecosystem shift caused by social-economic transitions in Yangtze River Basin over the past century. Scientific Reports, 8(1): 17146.

Zhang L, Jiang W, Wang Q J, et al. 2016. Reintroduction and post-release survival of a living fossil: The Chinese Giant Salamander. PLoS One, 11(6): 0156715.

Zhang L, Wang Q, Yang L, et al. 2018b. The neglected otters in China: Distribution change in the past 400 years and current conservation status. Biological Conservation, 228: 259-267.

Zhang X, Wang D, Liu R, et al. 2003. The Yangtze River dolphin or baiji (*Lipotes vexillifer*): Population status and conservation issues in the Yangtze River, China. Aquatic Conservation: Marine and Freshwater Ecosystems, 13(1): 51-64.

Zhao X, Barlow J, Taylor B L, et al. 2008. Abundance and conservation status of the Yangtze finless porpoise in the Yangtze River, China. Biological Conservation, 141(12): 3006-3018.